肉牛
标准化养殖技术

ROUNIU BIAOZHUNHUA YANGZHI JISHU

万发春 刘晓牧 主编

中国科学技术出版社
·北 京·

图书在版编目（CIP）数据

肉牛标准化养殖技术 / 万发春，刘晓牧主编 . —北京：
中国科学技术出版社，2017.8
ISBN 978-7-5046-7588-0

I. ①肉… II. ①万… ②刘… III. ①肉牛—饲养管理—
标准化 IV. ① S823.9

中国版本图书馆 CIP 数据核字（2017）第 172739 号

策划编辑	乌日娜	
责任编辑	乌日娜	
装帧设计	中文天地	
责任印制	徐 飞	

出　　版	中国科学技术出版社	
发　　行	中国科学技术出版社发行部	
地　　址	北京市海淀区中关村南大街16号	
邮　　编	100081	
发行电话	010-62173865	
传　　真	010-62173081	
网　　址	http://www.cspbooks.com.cn	

开　　本	889mm×1194mm　1/32	
字　　数	183千字	
印　　张	7.625	
版　　次	2017年8月第1版	
印　　次	2017年8月第1次印刷	
印　　刷	北京威远印刷有限公司	
书　　号	ISBN 978-7-5046-7588-0 / S·659	
定　　价	26.00元	

本书编委会

主　编

万发春　刘晓牧

副主编

谭秀文　高艳霞　赵红波　张国梁　陈建国
陈昭辉

编著人员

陈建国	陈昭辉	万发春	刘晓牧	刘桂芬
刘倚帆	刘基伟	刘俊珍	王之盛	孙国强
成海建	李秋凤	李　力	朱荣生	张国梁
吴　洋	宋恩亮	宋　磊	赵红波	胡长敏
胡洪杰	郭爱珍	高艳霞	秦立红	徐　静
曹玉凤	游　伟	崔秀梅	谭秀文	薛　白

P_{reface} 前 言

　　我国肉牛产业经过 30 余年的快速发展，从无到有，已经成为我国畜牧业中仅次于猪禽的支柱产业。2016 年牛肉产量达到了 700 万吨，产值超过 2 000 亿元，为保障我国肉类供给和提高人民生活水平做出了重要贡献。但进入 21 世纪以来，随着畜牧业生产方式的转变和农村城镇化进程的加快，肉牛产业的发展遇到了诸多挑战，突出表现为肉牛存栏数量出现持续下降，至 2015 年全国肉牛存栏下降至不足 7 000 万头，比高峰时期下降了约 1/3。肉牛，特别是繁殖母牛存栏量持续下降的滞后影响已逐渐显现。2011 年以来在其他畜禽产品价格基本稳定甚至下降的情况下，我国活牛和牛肉价格快速上涨，至今平均上涨幅度超过 100%；同时，进口牛肉的数量也呈逐年翻倍快速增长的趋势，给我国肉牛产业造成了进一步的冲击。

　　两千多年来，我国的肉牛养殖一直以农村分散养殖为主体，以役用为主要用途，以作物秸秆饲养维持较高的比较效益，产业化和标准化养殖水平与猪禽甚至奶牛等产业相比严重滞后。2010 年农业部开始在全国范围内实施畜禽养殖标准化示范创建活动，将其作为转变畜牧业发展方式、提高综合生产能力、发展现代畜牧业的重点工作进行推动，并制定了不同畜禽的标准化示范场验收标准和《农业部畜禽标准化示范场管理办法》。同时，还有多个省（市、区）也开展了地方的标准化养殖创建活动。2010－2013 年全国共 4 903个畜禽养殖场通过了标准化示范场创建，但其中肉牛仅不到 300 个，不仅数量少，而且水平偏低。随着标准化创建活动的开展，从 2013年开始农业部加强了对标准化示范场的管理工作。通过复检，2013

年以前创建的标准化示范场有 646 个被取消称号，占创建总数的13.2%。其中肉牛示范场 62 个，占被取消示范场总数的 9.6%，远高于肉牛示范场占总示范场的比例（6.1%），表明肉牛示范场的创建水平明显滞后。

为了帮助肉牛规模化养殖场更好地开展创建工作，同时也为了进一步提高已有肉牛标准化示范场的创建水平，针对国内缺乏专门指导肉牛标准化创建的图书的现状，我们组织以国家肉牛牦牛产业技术体系为主的、国内知名的长期在肉牛产业一线从事科研和生产等工作的专家，围绕《肉牛标准化示范场验收标准》，从肉牛标准化养殖的要求、现状和存在的问题、实现标准化的措施和方法 3 个方面入手，系统介绍肉牛标准化示范场创建中对牛场规划建设、设施与设备、品种与繁殖、饲料与营养、饲养管理、卫生防疫、生态环保、经营管理等方面的要求和改进措施。同时，书中结合编著者多年的研究和实践经验，阐述了肉牛生产中的实用技术，对于指导肉牛以提升产品品质和降低生产成本为核心的供给侧改革也具有重要的现实意义。

本书适合于肉牛标准化示范场创建的从业人员及从事肉牛养殖的专业技术人员和管理人员等使用。

由于编者水平所限，书中难免存在错误，敬请广大读者指正，以便在再版中进行修订。

编 著 者

Contents 目 录

第一章
肉牛标准化养殖概述

对于什么是标准化养殖在学术上并没有统一的定义，从字面理解和通常的习惯来说，只要是按照统一规定的标准进行养殖就可以称为标准化养殖。农业部在《农业部关于加快推进畜禽标准化规模养殖的意见》（农牧发［2010］6 号）中对于畜禽标准化生产进行了如下规定：就是在场址布局、栏舍建设、生产设施配备、良种选择、投入品使用、卫生防疫、粪污处理等方面严格执行法律、法规和相关标准的规定，并按程序组织生产的过程。因此，肉牛标准化养殖应该是按照肉牛标准化生产程序进行的养殖。标准化养殖既适用于规模养殖场，也适用于规模养殖小区。但农业部在《农业部畜禽标准化规模养殖示范场管理办法》和《肉牛养殖标准化示范场验收评分标准》中限定为示范场。因此，本书中主要对肉牛规模养殖场的各个环节进行阐述。

一、我国肉牛标准化养殖的现状

在我国，畜禽标准化养殖的提出最早见诸 1995 年公开发表的文章，但标准化养殖在我国的起步要早在 20 世纪 80 年代初。最初标准化养殖仅集中在极少数养殖水平先进的大型养殖场，此后在大型农牧企业特别是饲料企业的推动下开始在全国各地的大规模养殖场得到推广。但直到 2000 年前后，标准化养殖才在全国受到普遍重视并全面开花，2010年农业部推进畜禽标准化规模养殖的文件出台和补贴政策则大大推进了标准化养殖的进程。与猪、禽等产业相比，肉牛以青粗饲料为主造成的养殖分散性致使产业起步晚，发展速度慢，加上投资大、基础薄弱、养殖规模相对较小，标准化养殖发展的步伐严重滞后。

进入21世纪以来，虽然很多地方都出台了一些肉牛标准化生产的技术规程、规范或标准，但真正实现标准化养殖的肉牛场数量仍然非常少。2009年全国出栏肉牛4 602万头，年末存栏10 726万头，但出栏规模在500头以上的养殖场不到2 700个，出栏规模1 000头以上养殖场不到800个，在这些养殖场中，能够完全达到标准化养殖的数量更少。截至2013年年底，全国通过标准化示范场验收的肉牛养殖场仅有不到300个。即使已经建成并通过验收的标准化示范场也或多或少的存在一些问题，主要表现为6个方面：一是牛场选址和规划不规范，牛场设施落后；二是品种选择盲目，不同品种混杂，难以进行标准化饲养；三是饲料原料选择和饲料配制随意性强，缺乏科学性；四是饲养管理粗放，养殖档案不全，疫病防控水平低；五是粪污随意排放，环境净污设施缺乏，运行不规范；六是缺乏专业经营管理人员，经营管理水平低。上述因素中的一个或多个是导致多达62个养殖场没有通过复检的主要原因。

二、国外肉牛标准化养殖的借鉴

国外肉牛养殖基本上不使用标准化养殖这个概念，但产业发达的国家和地区如欧盟、美国、澳大利亚、新西兰等，由于起步早，发展速度快，早已经形成了完善的产业体系。即使起步和我国差不多的巴西、阿根廷等牛肉生产大国，其产业体系也初见规模。这些国家共同的特点是在整个产业体系的每个环节都贯彻着标准化养殖的精髓，即使是小规模大群体养殖的繁殖母牛养殖也是如此。

第一，基本实现了肉牛饲养品种的标准化。在目前的牛肉主要生产国中，肉牛生产一般都以 2～3 个品种为主，如英国的海福特牛和安格斯牛，法国的利木赞牛和夏洛莱牛，德国的西门塔尔牛，荷兰的荷斯坦奶牛公犊，美国的安格斯牛、夏洛莱牛和海福特牛，巴西的瘤牛，日本的和牛。而我国虽然列入品种志的黄牛品种就多达 50 个以上，同时还引进了世界上主要的肉牛品种，并育成了一些自己的肉牛品种，但至今却没有一个能在生产中大规模推广应用的专用肉牛品种，肉牛生产的主体为地方黄牛及其与国外肉牛品种的杂交后代。在肉牛品种的选育方面，国外一直持之以恒地进行着本品种的选育提高和杂交组合的筛选，并形成了一整套完善的规范化、标准化的选种、育种和杂交配套生产的技术体系和组织体系。

第二，国外发达国家在肉牛生产中全面应用营养与饲料标准，有系统的饲料原料营养价值评价体系和不断完善的饲料原料数据库等，并普遍由专业化的饲料公司按照肉牛的营养需要提供标准化饲料，或由专业的营养配方师进行技术指导，实现了饲料生产和供给的标准化。例如，美国、日本、法国、英国等国家都有自己的肉牛饲养标准，并定期进行更新。在肉牛育肥中，普遍将生产过程划分为不同的阶段，按照每个阶段的特点和营养需求建立了标准化的饲养程序，提供配套的饲料和饲养管理技术。同时，根据消费者的需要和生产目的将育肥细分，进行标准化养殖。严格禁止同源性动物饲料在肉牛生产中的应用，有效根除了疯牛病的发生。我国虽然也建立了自己的饲养标准，但基础研究少，多数直接借鉴国外的标准，而且更新速度慢，在肉牛养殖中应用少，绝大多数养殖场仍停留在凭经验配制饲料的阶段。对不同生产目的的细分刚刚起步，缺乏配套的营养与饲料技术。

第三，国外发达国家在卫生防疫方面对主要重大疫病普遍采取净化技术，建有一套规范的标准化控制程序，目前已经基本根除了牛口蹄疫、牛布鲁氏菌病、牛结核等重大疫病。所有的肉牛养殖场都在官方兽医的指导下建立疫病防控程序和疫苗接种程序，并根据生产实际进行完善。有专门的兽医技术人员对各种疫病进行及时诊

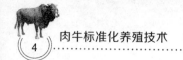

断和治疗。对于病死牛建有标准化的无害化处理程序，以防止疾病的传播。国外发达国家高度重视集"灵敏、快速、准确"为一体的疫病快速诊断技术的研发和应用，以降低疾病诊断的时间。这些标准化防控程序的应用不仅有效控制了肉牛疾病的发生，还使养殖场的疾病控制成本大幅降低到可忽略不计的水平。

第四，国外肉牛养殖场的设施和设备完备，牛舍设计和设施充分考虑牛的舒适性，不盲目追求高标准和高档次，在大规模的围栏放牧场有的甚至只设置简易的荫棚。但不论哪种形式的肉牛养殖场，其设施和设备都非常齐全，这些设施和设备设计先进、实用性强。围栏育肥一般有专门的补饲槽，由专业公司提供或在专门营养师的指导下自行生产补饲用的全混合日粮（TMR 日粮）。自有或由专业公司提供专用的肉牛运输车辆。舍饲集约化育肥的牛舍建筑与配套设施设计合理，炎热和寒冷的地区往往安装有各种环境控制设施。在环境保护和粪尿处理方面，国外高度重视对环境的保护，通常采用种养结合的生态养殖模式，强制要求养殖场根据牛的存栏数量和粪尿产量确定相应比例的耕地面积，用于消纳产生的粪尿等废弃物。对于牛粪的处理，除部分采用沼气处理和生产有机肥外，多数养殖场采用成熟的腐熟堆肥技术，并开发和应用系列的专门化堆肥配套机械以加快堆肥进度。对堆肥场的要求严格，必须做到雨水不深入、污水不溢出。

第五，国外肉牛养殖场基本上都是家族产业，虽然没有专业的经营管理人才，但所有者都具有长期的丰富的管理实践经验，加上国家有完善的协会组织提供技术服务。这些协会组织在每个养殖环节都有专业人员给予养殖场技术和管理指导，同时通过多年的积累建立了完善的肉牛产业数据库，能够及时为养殖场提供活牛和牛肉市场价格和需求信息、产业预警预测等全方位的服务，可有效弥补养殖场在经营管理方面的不足。

第六，国外肉牛产业发达的国家都有完善的社会服务体系提供支撑，肉牛养殖场一般仅需从事简单的饲养管理即可。如有各个品种的专门协会协调进行肉牛育种；有专门的养殖场进行优秀种牛的培育和扩繁；有专门的牧草育种企业、饲料生产企业与大学、科研机构联合进行研究，并承担牧草、饲料、饲料添加剂的技术推广工作；小规模养殖场或草场放牧进行繁殖母牛养殖和犊牛繁育，肉牛育肥则专门化肉牛集中育肥场和中小型养殖场并存；屠宰则交由专业屠宰厂进行；只有极少数采用全程一体化养殖，从而实现了肉牛养殖的专业化分工和高效生产。

三、实行肉牛标准化养殖的意义

1983 年以来我国的肉牛产业和其他产业一样都迈入了快速发展的轨道，牛的存栏数量从 1980 年的 0.72 亿头增长到 2015 年的 1.08 亿头（1999 年最高达到 1.27 亿头），增长了 50%，同期牛肉产量从 26.9 万吨增加到 700 万吨，年平均增长率高达 20% 以上，多年稳居世界第三大牛肉生产国。在肉牛产业的发展过程中，实现了大量的作物秸秆和其他畜禽不能利用的饲草、糟渣等原有废弃物的饲料资源化；通过秸秆过腹还田，改善了土壤结构和地力，促进了农民增收。但随着肉牛产业的快速发展和养殖比较效益的下降，人们对牛肉需求的增加和对牛肉品质及质量安全要求的提高，对公共卫生安全和生态环境安全的重视，各种矛盾和问题日趋凸显，迫切需要进行产业转型升级。实行肉牛标准化养殖有以下意义。

（一）是转变肉牛生产方式，实现供给侧改革，建设现代肉牛产业的迫切要求

2015 年以来，在中央和各省（市、区）肉牛标准化示范场等扶持政策的推动下，肉牛标准化养殖发展的步伐明显加快，已经建成的肉牛标准化示范场已经成为优质牛肉的重要生产基地，对产业的引领作用越来越大。但与其他畜禽相比，由于对肉牛标准化养殖的扶持范围窄、数量少，加上肉牛产业发展起点低、基础差，还没

有从根本上改变"小、乱、散"的局面。肉牛特别是繁殖母牛存栏数量持续下降开始危及产业安全，与加快现代肉牛产业的发展要求相距甚远。通过实行标准化养殖，可以促进肉牛养殖上规模、上水平，逐步实现从农户零散养殖为主向小规模大群体和适度规模标准化养殖方向的转变，最终建立适合我国国情的现代化肉牛产业生产体系。

（二）是增强肉牛产业生产能力，保障牛肉供给和质量安全的重要手段

据测算，2015 年我国存栏牛的头均产肉量达到了 64.8 千克（包含牦牛和奶牛），与 20 世纪 80 年代相比取得了巨大的进步，但近10 年基本徘徊不前，与发达国家相比仅为其平均生产水平的一半左右，还达不到世界平均水平。而我国国内对牛肉的需求却逐年增加，当前的肉牛产业已经无法满足需要。据测算，我国的牛肉价格逐年上涨，已经达到猪肉的 2 倍左右，远超过国外主要牛肉生产大国的价格水平，但肉牛养殖的比较效益却显著下降。近 20 年的时间物价上涨了 10 多倍，肉牛养殖的头均收入仍然在千元左右。从历史经验和其他农产品的教训来看，像我国这样的大国任何一种畜禽产品都不能过度依赖国外进口，而以当前的粗放养殖方式已经很难提升存栏牛的头均产肉量。只有通过实行标准化养殖，从育种、营养、管理、经营等各个环节提高生产水平，才能有效提高养殖场的科学养殖水平和生产效率，增强牛肉生产能力，保障牛肉供给安全。

最近几年，食品安全已经成为全社会关注的焦点，特别是"瘦肉精"事件的频发，不仅增加了屠宰厂的生产成本和检测压力，还使人们到了谈"肉"色变的程度。虽然国家对非法使用"瘦肉精"等一直保持着高压态势，但一直无法根绝。其根本原因就是分散养殖模式难以进行标准化生产，目前我国仅肉牛养殖场（户）就高达近 1 400 万个，年出栏肉牛高达 5 000 多万头，监管难度极大，违法成本又低。而通过标准化养殖的推广可以有效规范养殖场的生产，

同时完善的档案管理可以方便地实现产品的追溯管理，有利于实现从养殖场到餐桌的全程监控，确保牛肉产品质量安全。在当前国家要求食品质量国内和国外必须达到相同标准的大背景下，实行肉牛标准化养殖显得更为急迫。

（三）是有效提升疫病防控能力，降低疫病风险的必由途径

我国目前已经对肉牛养殖进行免费强制接种口蹄疫疫苗，但由于肉牛养殖过于分散的现状使疾病防控变得难度大、成本高，难以做到应免尽免，加上疫苗的保护率不高，导致疾病高发。养牛户普遍缺乏基本的防疫设施、设备等条件，不具备基本的卫生防疫知识，使除强制免疫以外的其他防疫方式基本形同虚设。基层兽医体系不健全，从事肉牛疾病防控的专业技术人员缺乏，无法支撑日益高涨的防疫需求。进入 21 世纪以来，由于肉牛育肥养殖场的快速发展和繁殖母牛的急剧减少，异地购牛、活牛的长途异地运输活动日趋频繁，使疫病防控的难度进一步加大，人畜共患病的发病率显著上升。而标准化养殖由于采用规范的疫病防控程序，疫病防控的设施设备水平高，有专业技术人员给予指导，采用科学的饲养管理，集中统一进行疫病防控。因此，可以从根本上改变散养户传统落后的饲养方式，提高疫病防控能力，有效减少普通疫病的发生，控制乃至根除重大流行性疫病的发生。

（四）是保护生态环境，实现可持续发展的必然选择

近年来，由于畜牧业的持续快速发展，其对生态环境的影响日益受到人们的重视。据统计，2007 年畜禽粪污化学需氧量排放达到 1 268.3 万吨，占全国总排放量的 41.9%，已经超过工业的总排放量。在肉牛养殖集中的很多农村，由于缺乏有效的管理措施和处理设施，牛粪随意堆放，牛尿和污水不经任何处理直接排放，不仅污染了生态环境，还导致村容村貌"脏乱差"。通过实行标准化养殖，

一方面通过应用最新的营养技术有效提高饲料利用效率，减少牛粪和氮、磷等废弃物的排放，可以实现粪污的减量化；另一方面，通过建设标准化的牛粪堆放场所和污水处理设施，对粪污集中进行有效的处理，显著改善村容村貌。同时，采取种养结合的生态模式，不仅可以实现粪污的无害化处理和资源化利用，还可显著减少农田的化肥使用量，培肥地力，改善土壤结构，真正实现种植结构的调整和生态保护，增加农民收入。在牧区，实行标准化养殖还可以促进传统放牧方式向科学养殖方式的转变，实现减畜不减收，保护草原脆弱的生态环境。

第二章
肉牛标准化养殖的规划设计

一、标准化养殖对规划和设施设备的要求

　　与传统的饲养方式相比，标准化养殖在实际生产中具有有利于规模化经营，有利于环境保护，有利于引入先进技术，有利于卫生防疫，有利于生产快速周转等众多优点。但是，这些优势的发挥必须辅以牛场的合理布局、应用科学的饲养管理工艺和先进的生产设施设备等。如果没有科学合理的肉牛场建设规划设计，将会使标准化养殖场从建设之初就存在场址布局不科学、建筑设计不合理、设施设备不实用等先天不足问题，这些问题后期改造不仅难度大，而且成本高。因此，规范肉牛标准化养殖场的建设，实现饲养工艺和设施设备的标准化，对于促进肉牛场的规范化、标准化生产，提高肉牛养殖场的综合生产水平和经济效益，都具有重要意义。

　　肉牛场建设完成后需要使用的时间很长，而标准化养殖是一项长期的系统工程，因此必须在规划场址布局、畜舍建设设计、生产设施配备等方面严格遵守法律法规和相关标准，并应有适当的超前性。标准化肉牛场的建设要符合《农业部关于加快推进畜禽标准化规模养殖的意见》所提出的养殖设施化、生产规范化的要求。肉牛场选址布局应科学合理，符合防疫要求，肉牛舍、饲养与环境控制设备等生产设施应满足标准化生产的需要，以实现养殖的设施

标准化；粪污处理设施设备要齐全且运转正常，确保粪污达到相关排放标准。肉牛标准化示范场验收标准中对选址与布局、设施与设备高度重视，除了必备条件中指出"场址不得位于《中华人民共和国畜牧法》（以下简称《畜牧法》）明令禁止区域，并符合相关法律、法规及区域内土地使用规划"外，还专门分为两个大部分对选址与布局、设施与设备分别进行了规定，总分值达到了 52 分，占到了总分的一半还多。标准化养殖场对规划和设施设备的总体要求如下。

（一）选　址

场址不得位于《畜牧法》明令禁止的区域，土地使用符合相关法律法规与区域内土地使用规划；距离主要交通干线和居民区 500 米以上；场地、圈舍地势高燥，圈舍通风良好、背风向阳；远离噪音、工矿企业和屠宰厂等。

（二）基础设施

水源稳定，水质符合人饮用水的规定要求，有贮存设施或配套饮水设备，能保障人畜饮水；电力供应充足有保障；交通便利，有专用车道直通到场；具有通信设备，通讯良好。

（三）场区布局

场区要与外环境完全隔离，场区内生活区、生产区、办公区、粪污处理区相对分开，符合防疫和防火的要求。根据生产目的场区要有母牛舍、产房、犊牛舍、育成舍、育肥牛舍、运动场等几种或多种，布局合理。净道和污道要严格分开。

（四）设施设备

牛舍根据环境可选择有窗全封闭式、半开放式或者开放式；牛舍内饲养密度每头不得少于 3.5 米^2。牛舍内有固定饲槽或采用道槽合一式牛槽，运动场或犊牛栏可根据需要设置补饲槽；牛舍内和运动场设有饮水器或独立饮水槽。热带地区牛舍最好安装通风降温设备。场区、大门口设消毒池，生产区入口设更衣室和消毒通道。养牛场区有内外环境消毒设备。根据饲养工艺设置精料原料库、精饲料库或使用专业精料补充料，根据需要配制粉碎机、青贮取料机、饲喂车、铲车、精料搅拌机和全混合饲料搅拌机等。有足够容量的青贮设施、粗饲料贮存设施和干草棚等，有铡草机、青贮机等青贮和粗饲料加工设备。有带遮雨棚的防渗贮粪场，配备清粪车、粪便加工处理设施和设备。

（五）辅助设施

设有专用更衣室和资料档案室。对于育肥牛场需设有兽医室。对于母牛繁育场或养殖合作社需分别设有兽医室和人工授精室。另外，还需有装（卸）牛台、地磅、保定架、测定通道等。

二、场址规划与设施的现状和存在的问题

近年来，尽管我国在肉牛规模化养殖方面发展迅速，标准化肉牛养殖场的数量有了显著增加，但总体上来说标准化程度还很低，各地区因资源和技术条件等不同导致肉牛标准化养殖的发展水平很不平衡。在生产比较落后的地区，标准化饲养的水平相对较低，大部分中小型肉牛养殖场建设都没有经过科学的场址规划和建筑设计论证，圈舍条件简陋，饲养环境恶劣。随着国家对标准化养殖的推行，对条件落后的肉牛养殖场进行再规划和改造，将会大大促进我国肉牛产业养殖生产水平的提高。对于已建设好的标准化肉牛养殖场，由于各方面原因也存在着规划设计不合理，设施设备不齐全，标准化水平较低等问题。

我国各地区自然条件差异大，肉牛场的规划设计和设备选型需要根据当地的气候条件和地理状况进行调整，这也对标准化肉牛养

殖场的规划和建设提出了更多地挑战。当前，我国标准化肉牛养殖场在场址规划与设施方面主要存在着4个方面的问题。

（一）选址不当

标准化肉牛养殖场的场址选择对于投产后的生产经营有着直接的影响，选择合适的场址也成为肉牛场规划设计的首要任务。如果场址选择不当，会导致整个肉牛养殖场在运营过程中面临各种问题，不但无法取得理想的经济效益，还有可能对周边环境造成污染，增加治污成本，严重时会被强制关闭。现有的肉牛养殖场在建设时，往往更多地考虑就近、交通运输便利和市场等因素，而没有全面考虑场址选择的合理性、城镇建设的未来发展及生态环境建设的同步发展等。很多标准化肉牛养殖场建设在人口较密集、土地占有量相对较少、交通方便的区域，或者肉牛场建设之初相对位置偏僻，但随着城乡的快速发展，很快紧临城镇。这使得牛场不仅需面临防疫压力，还需面对周边工农业生产、交通运输、居民生活的"三废"污染等问题。土地和农田的缺乏还使农牧脱节，养殖产生的粪尿等不能就近且及时用于农田和果园等进行还田，造成养牛场周边环境污染或粪污处理成本增加。

（二）规划设计不合理

发展标准化肉牛养殖需要占用较多的土地，而保护耕地是我国的基本国策，加上当前农村实行土地使用权30年不变的土地管理政策，增加了土地统一规划利用的难度。我国肉牛标准化规模养殖的势头增长很快，大都面临建设用地不足的问题，导致很难进行合理的规划设计。即使如此，仍有一些肉牛标准化养殖场的建设由于缺乏科学的规划设计，使宝贵的土地不能得到有效利用，造成浪费。目前，我国肉牛标准化养殖场的规模普遍不是很大，但习惯于"小而全"，致使其建筑面积和头均占地面积指标都比实际需要的大。如何采用先进的饲养生产工艺技术和科学的工艺设计使布局更加紧凑，以节约土地占用面积，并尽量节省工程费用、降低生产成本是肉牛标准化养殖场规划设计中必须认真对待的问题。

（三）建筑设计不规范

我国现有的绝大多数肉牛标准化养殖场都是凭借养殖场主的经验或者参照其他已建成的所谓标准化牛场建设而成，少数养牛场聘请专业机构设计，但由于我国缺乏在此方面的相关研究，这些机构多数是参照国外或我国民居的设计经验，容易造成牛场的总体布置和牛舍建造不合理，场区排水不畅、通风不良，疾病发生率高。同时，多数牛场的牛舍建造忽略了我国南北、东西巨大气候差异，冬天保温或夏季通风降温不合理，易造成牛舍通风量不足或通风过度。通风不足会使牛舍内空气质量差，有毒有害气体（氨气、甲烷等）蓄积，影响肉牛的健康和生产水平；通风过度则会使牛舍内冬季温度过低，形成贼风等，牛生长缓慢，易患病。另外，环境保护措施普遍不健全，抑或华而不实，易发生环境污染事件或设备浪费现象。

（四）设施不配套，设备缺乏

我国多数肉牛养殖场为了节约成本都不请或不按照专门化设计公司的要求进行牛舍的建设，导致各种设计标准和工艺参数不符合肉牛标准化养殖的要求，建设成本高而不实用。很多肉牛养殖场虽按照要求建设了相关的消毒池、更衣室等设施，但普遍不规范，难以起到相应的作用。我国缺乏经济实用的肉牛养殖设备，已有的设备利用还停留在初级水平上，机械化水平低，如国内标准化肉牛养殖场清粪方式普遍还是采用人工清粪，这种方法虽然简便，但劳动环境差，劳动强度大，牛舍内的粪便经常得不到及时清理。不少肉牛养殖场缺乏粪污处理设施或设施不合格，粪便未经处理直接露天堆放，污水任意排放，不仅污染了牛场周围的环境，还严重威胁牛场的卫生防疫。有些牛场虽把环境设施与主体工程同时设计，但由

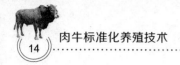

于运行成本高，做不到同时施工、同时投入使用，造成污染废弃物无法处理。

（五）对于动物福利考虑不够

很多肉牛标准化养殖场在进行牛场规划设计时，没有考虑动物福利或考虑不足，经常出现因饲养密度过大导致肉牛活动空间不足。运动场设计不合理，缺乏合理的坡度，排水设施不完善，运动场经常像沼泽地一样泥泞不堪。牛的饲槽位置栏杆设置不合理，肉牛采食时脖颈上部长期与栏杆摩擦受伤。采食区和排尿沟设计坡度不合理，牛尿难以排出，导致牛床泥泞湿滑，牛容易滑倒摔伤，牛舍内氨气等有毒有害气体浓度过高。

三、实现标准化的措施和方法

无论是新建肉牛标准化养殖场，还是在现有牛场的基础上进行标准化改建或扩建，都必须综合考虑自然环境、社会经济、卫生防疫条件、生产工艺、生产流通和场区发展等各种因素，因地制宜地处理好上述因素相互之间的关系，进行科学合理的规划设计，认真按照工艺要求和参数进行施工建设，严格按照养殖要求选用配套的设施和设备，才能避免各种问题，发挥最大效应。

（一）严格按照规定选择最佳的场址

1. 肉牛场的选址必须符合规划　肉牛场的选址必须符合国家和本地区畜牧发展规划的总体布局要求，不能盲目乱建。安全的卫生防疫条件和最大限度地减少对外部环境的污染是肉牛标准化养殖场规划建设必须优先考虑的问题，特别是在国家将生态文明建设提高到与社会、政治、经济、文化并列的高度，并列入国家发展纲要，以及国务院出台《畜禽规模养殖污染防治条例》的背景下，更要综合考虑场区内外环境、占地面积、市场与交通运输条件、区域基础设施、生产与饲养管理水平等因素。如果场址选择不当，会导致整个养牛场在运营过程中不但得不到理想的经济效益，还有可能因为对周围的大气、水、土壤等环境污染而遭到周边企业或城乡居民的反对，甚至被诉诸法律。选址还应遵循饲料、物资和能源供应便利，交通运输便利，产品销售便利，废弃物处理便利等四大便利原则。

肉牛标准化养殖场的场址应满足以下 5 个条件。

①根据当地常年主导风向，设于居民区及公共建筑群的下风向处。

②为防止养牛场受到周围环境的污染，选址时应避开居民点的污水排出口和污染企业的下风向处。

③在城镇郊区建设大型标准化养牛场，应距离大城市 20 千米、小城镇 10 千米以上。场界距离居民居住区和其他畜牧场应大于 500 米，要求距离国道、省际公路 500 米以上；距离省道、区际公路 300 米以上；距离一般主要道路 100 米以上。

④周围 1 500 米以内无化工厂、畜产品加工厂、屠宰厂、兽医院等容易产生污染的企业和单位。

⑤禁止在《畜禽规模养殖污染防治条例》规定的饮用水水源保护区、风景名胜区，自然保护区的核心区和缓冲区，城镇居民区、文化教育科学研究区等人口集中区域内，以及疫区建场；不同养殖场尤其是具有共患传染病的畜种，两场间必须保持在安全距离之上。

由于我国的城镇化发展速度很快，在选址方面尤其应注意考虑到未来城镇化的发展规划，尽量远离城镇规划区，避免建场后不久就要被迫搬迁的情况。

2. 应尽量减少耕地占用 在符合国家有关土地和环保政策规定的前提下，肉牛标准化养殖场建设所用土地应尽量选择荒山、荒沟、荒丘、荒滩等未利用地或废弃地，不占用或少占用耕地。我国虽然国土面积位居世界第三，但耕地面积仅占国土总面积的 1/10，人均只有 667 米^2（1 亩）多地，是世界上人均占有耕地最少的国家之一，因此，必须尽量节约耕地。选择未利用土地或废弃地也更容易满足畜牧主管部门养殖场规范布局的总体要求，更容易符合当地土地利用发展规划和村镇建设发展规划要求。

在资金、土地和饲料供应允许的情况下，所选择的土地应尽量充裕，以满足日后发展的需求，而且土地租赁价格只会越来越高。暂时闲置不建设的土地也不会浪费，可先行种植牛场所需的饲料作物，还可以消纳部分养殖产生的粪尿。肉牛标准化养殖场的场区占地总面积通常按每头存栏牛需 40～50 米^2 计算。不同规模的标准化养牛场占地面积的调整系数为 10%～20%。在饲料供应便利的情况下肉牛场规模越大，越便于采用先进的技术和设备，越能经济地利用土地和建筑。

在选择土地时一定要注意了解土地性质，虽然国务院规定"畜禽养殖用地按农用地管理，并按照国家有关规定确定生产设施用地和必要的污染防治等附属设施用地"，但实际操作中各地政府都规定基本农田严禁规划为养牛场，一般农田也需完善的报批手续，经土地主管部门批准同意后方可建设肉牛养殖场。建设用地由于土地价格较高，而养殖利润一般较低，不适合用于建设肉牛场。

3. 建设条件应满足肉牛标准化养殖场的建设要求　选址初步确定后，必须进行现场考察和调查。考察时应对候选场址的地理位置、地形、地势、地貌，水文地质、气候气象、自然生态条件，饲料和能源供应、交通运输、与工厂和居民点的相对位置，电力、物资供应、产品的就近销售，养殖场废弃物的便利化处理等社会经济条件状况进行全面准确的了解。在此基础上，还应对几个候选场址进行技术经济分析，最后再选定一个最佳的场址。肉牛标准化养殖场的场址必须具备以下建设条件。

（1）**自然条件**　场址的自然环境条件直接影响肉牛场的生产管理、肉牛的生长环境和场区的卫生防疫效果等，选择场址时必须进行综合考虑。

①地势　地势是指场地的高低起伏状况，总体上应选地势开阔、地势较高及通风、排水良好的地方。要避开低洼潮湿、易存水的场地，北方寒冷地区要尽量背风向阳，以减少冬、春季风雪的侵袭。平原地区场地比较平坦、开阔，肉牛标准化养殖的场址应主要注意选择在较周围地段稍高的地方，以利于排水防涝；地面坡度以1%～3%为宜。在靠近河流、湖泊等区域建设肉牛标准化养殖场场址一定要选择在较高的位置，应比当地有记录的水文资料中的最高水位高1～2米，以防肉牛场在雨季河流、湖泊涨水时被水淹没。

在山区建设肉牛标准化养殖场时场址应选在较为平缓的坡上，坡面最好向阳；建筑区坡度尽量控制在8%以内。坡度过大，不但在施工中需要大量填挖土方，使工程投资大幅增加，而且在建成投产后也会给场内运输和管理工作造成不便。山区建场还要注意地质构造情况，避开易发生断层、滑坡、塌方的地段，特别是在地震多发的地区。同时，也要尽量避开坡底和风口等，以免受突发山洪和暴风雪等的袭击，或造成场区排水困难，也可减少肉牛场的建筑费用和御寒防暑等成本。在有些山区谷地或山坳里，经常会由于特殊的地形地势形成局部的空气涡流现象，造成污浊空气长时间滞留、潮湿、阴冷或闷热等异常气候条件，选址时尤其要注意避开这种场址。

②地形　地形是指场地的形状、范围以及地物（山岭、河流、道路、草地、树林、居民点等）的相对平面位置状况。肉牛标准化养殖场的场址应选在地形整齐、干燥平坦的地方，避免边角过多和过于狭长。过于狭长的场地会影响建筑物合理布置，拉长生产作业线，也不利于场区的卫生防疫和生产联系。边角过多除了不便于建筑物布局外，还容易造成场地面积浪费，增加防护设施等投资。

③水源水质　在养殖生产过程中肉牛的饮水、饲料调制和牛舍、设施、牛体的冲洗等都需要大量的水，肉牛标准化养殖场存栏规模较大，充足可靠的水源是保障正常生产所必备的前提条件。因此，肉牛标准化养殖场必须建立自己的稳定水源，以确保供水充

足，取用方便，牛的饮水和饲料用水水质应符合《无公害食品　畜禽饮用水水质》（NY 5027），人生活用水水质应符合《生活饮用水卫生标准》（GB 5749）的要求，以确保人、畜用水需求。冲洗用水应尽量利用回收的雨水或处理后的中水，以节约用水。

　　水源应符合下述基本要求：水量充足，能满足场内人员、牛的饮用和生产、管理用水需要，满足防火和远期发展需要；水质良好，能满足建筑施工和人、畜饮用要求；便于防护，能始终保证水源水质处于良好状态，不受周围环境的污染；取用方便，处理投资少。采用地表水时要详细了解地面水（河流、湖泊）的流量、枯水期和汛期水位；采用地下水时要仔细了解地下水的初见水位和最高水位，含水层的层次、厚度和流向。对水质需要了解其酸碱度、硬度、透明度，有无污染源和有害化学物质等，应提取水样做水质的物理、化学和生物污染等方面的化验分析。在仅有地下水源的地区建场，应先试打一口水井，如果所打井出现流速慢、泥沙或其他问题，应考虑另选场址，这样可以减少不必要的损失。完全采用自来水供应的牛场应建立备用储备设施，如水塔、储水罐等，以应对停水等异常情况。

　　④土壤地质　土壤的透气性、吸湿性、毛细管特性及土壤化学成分等不仅直接和间接影响肉牛标准化养殖场的空气、水质和地上植被等，还影响土壤的自我净化作用。场地土壤质量应符合《土壤环境质量标准》（GB 15618）规定。场区的水文地质和工程地质条件还必须满足土建施工的基本要求。通常沙壤土最适合场区建设，但受客观条件的限制，在很多地方想选择理想的土壤条件很不容易，需要在规划设计、施工建造和日常使用管理上设法弥补土壤的缺陷。

　　要了解场区内施工地段的工程地质条件，必要时要收集工地附近的地质勘察资料，地层的构造状况，如断层、陷落、塌方及地下泥沼地层。对土层土壤的了解也很重要，如土层土壤的承载力，是否是膨胀土或回填土。膨胀土遇水后膨胀，会导致基础破坏，不能直接作为建筑物基础的受力层；回填土土质松紧不均，会造成建筑物基础不均匀沉降，使建筑物倾斜或遭破坏。遇到这样的土层，需要做好加固处理，情况严重不便处理的或投资过大的则应放弃该场址。此外，了解拟建地段附近的土质情况对施工用材也非常有意义，如沙层可以作为砂浆、垫层的骨料，可以就地取材节省投资。

⑤气候因素　气候因素主要指与建筑设计相关以及造成养牛场小气候的气象资料，如气温、风力、风向和灾害性天气等情况。拟建地区常年气象变化包括平均气温、绝对最高气温和绝对最低气温（与牛舍设计密切相关），土壤冻结深度和降水量（与雨污管道、供水管道设计密切相关），积雪深度（与牛舍屋顶承重密切相关），最大风力、常年主导风向、风频率、日照情况等（与牛舍设计密切相关）。我国目前还没有专门的牛舍建筑热工设计规范标准，实际建设时可以参照当地的民用建筑热工设计规范标准。气温资料不但在牛舍热工设计时需要，而且对肉牛场的防暑防寒安排，牛舍朝向、防寒与遮阴设施的设置等均有重要意义。风向、风力、日照情况等气候资料则与牛舍的建筑方位、朝向、间距、排列次序有密切关系。

当前农村养殖土地紧张，在这种现实情况下如果无法找到完全满足上述自然条件的场址，要优先考虑水源、水质和土质，其次考察地势（防涝），最后考虑气候和地形，以确定合适的场址。

（2）社会条件

①交通运输　肉牛标准化养殖场存栏肉牛数量多，其饲料等物资需求和活牛产品供销量很大，对外联系密切，应保证场区对外联系的交通便利性，场外既应通有连接交通干线的公路，又必须远离交通干线。肉牛养殖场应尽可能接近饲料产地和加工地，靠近产品销售地，以确保有合理的运输半径。特别是粗饲料需求量极大，其本身营养价值和价格低，但目前运输成本很高，一旦超过合理的距离将会大幅提高肉牛养殖的饲料成本。

②电力和通讯　肉牛标准化养殖场的生产和生活用电量不是很大，但仍需有可靠稳定的供电条件，这是保证牛场安全和高效运

行的必要条件。一些生产环节如配料、机械通风、供水等所需的电力供应必须绝对保证，特别是采用地下水供水时，应配备柴油发电机等紧急供电设施。电力供应要符合《工业与民用供电系统设计规范》（GBJ 52）的要求。建设时须了解供电源的位置，与牛场的距离，最大供电允许量，是否经常停电，有无可能双路供电等。建设时通常要求有 II 级供电电源。属于 III 级以下供电电源时，则需自备发电机，以保证场内供电的稳定可靠。为减少供电投资，应尽可能靠近输电线路，以缩短新线路敷设距离。

通讯基础设施良好。随着肉牛标准化养殖场的发展，信息化管理将会逐步得到推广和普及，因此牛场所在区域除了电话等通信条件外，最好具备安装宽带等信息化设施的便利条件。

③土地征用　场址选择必须符合本地区农牧业生产发展总体规划、土地利用发展规划和城乡建设发展规划的用地要求；需要建设永久性建筑的肉牛养殖场必须遵守珍惜和合理利用土地的原则，不占良田、不占或少占耕地，尽量利用未利用土地、荒地和废弃地建设牛舍。以下地区或地段的土地不能征用用于建设牛场：规定的自然保护区、生活饮用水水源保护区、风景旅游区；受洪水或山洪威胁及有泥石流、滑坡等自然灾害多发地带；自然环境污染严重的地区。同时，还要考虑当地的民风民情，以及未来被征用的可能性，以避免不必要的纠纷。

④周边环境　肉牛标准化养殖场的辅助设施特别是贮粪场应尽可能远离住宅区和民居，并要采取完善的防范措施，确保不影响周边环境和邻里关系。应尽量利用树木等将辅助设施遮挡起来，建设安全护栏，防止儿童和外人误入。周围有山峦、树林或河流等自然屏障最为理想。应仔细核算粪便和污水的排放量，以准确计算所需的最大贮存能力，最大贮存能力应确保在最易向环境扩散的季节里能贮存好所有产生的粪污，防止因积雪、冻土或暴雨等发生粪污流失和扩散的情况。采用农田施肥直接还田是一种简单、经济、有效的方法，因此，周边最好能有足够稳定的签订协议农田可用于消纳

养殖产生的粪污。但我国农牧分离的现实条件决定了粪污处理和综合利用是肉牛标准化养殖场普遍存在的难点。在资金允许但没有可靠农田保障的情况下，建场的同时应规划粪污综合处理利用设施，以化害为益。

选择和利用树林或自然山丘作建筑背景，外加修整良好的草坪和车道，可以达到美化牛场环境的目的。在考虑社会条件时要优先考虑交通运输条件，既要保证防疫又要交通方便；其次考虑周边环境和电力供应。

（二）牛场规划与设计科学

科学、合理的牛场规划与设计是肉牛标准化养殖场成功运营的前提条件，肉牛场的规划与设计主要包括总体布局、牛舍建筑设计和牛场环境设计3个方面。在满足标准化生产的前提条件下，牛场的生产效率、肉牛的健康状况和员工的工作便利性是评价肉牛养殖场设计成功与否的主要指标。一个成功的牛舍规划必须能满足肉牛正常生活及生产的行为需要和空间需要。自然状态下肉牛的各种行为（如采食、饮水、躺卧、站立等）以及舍饲条件下这些行为的变化是进行规划的基本依据，牛场的场址状况、肉牛的舒适性和健康状况、牛场所有者对肉牛场提出的特殊要求等对养牛场的规划有重要的影响，设计者必须熟悉这些信息。此外，牛舍的湿热环境和通风也直接影响着肉牛的舒适性和呼吸道健康，规划时必须考虑周全。

牛场布局、生产工艺设计以及牛舍建筑和结构设计与牛场所在地的自然状况密切相关。牛场所在地的地形地貌、气候条件、交通状况和现存的建筑是影响设计的重要因素，设计前必须进行详细的调查。牛场所有者出于节约投资等需要对设计提出的特定要求是影响牛场设计的关键因素，设计过程中设计者要及时与牛场所有者进行交流，尽量减少双方的分歧。只有真正将肉牛的需要与牛场所在地的具体情况及牛场所有者的要求有机结合起来，才能设计出既符合肉牛正常生产、生活需要，又能满足标准化生产的要求，还让牛场所有者满意的肉牛标准化养殖场。

1. 场区规划与布局

（1）总体要求　肉牛场标准化养殖场预期养殖规模（切记不是实际养殖规模）的大小直接决定着场区占地面积的大小和场区的总体平面布局与设计。因此，肉牛场的场区规划应根据近期生产规模和企业未来发展计划综合确定。我国农业部规定的肉牛标准化示范场的规模要求为年出栏育肥肉牛 500 头以上或存栏繁殖母牛 50 头以上，这也是我国今后肉牛产业标准化养殖发展的主要方向，其规划与布局具有很强的示范性。肉牛标准化养殖场场区的规划和总体布局是否科学合理，直接关系到投资规模、运行成本和牛群的健康。不同的生产工艺流程对建筑物布局设置的要求不同，这些要求必须通过场内的建（构）筑物和道路在平面位置布局上的不同配置方式来实现。肉牛场各功能区的规划是否合理、建筑物布局是否得当，不仅影响基建投资、经营管理、生产组织、劳动生产效率和经济效益，而且影响场区的环境状况和卫生防疫。因此，必须认真做好各功能区的规划和建筑物的合理布局。

肉牛场按功能分区规划设计总体布局时，各种建筑物按生产工艺流程和不同的防疫控制要求一般分为生活管理区、生产区、隔离与粪污处理区。要从确保人、畜健康的角度出发，安排好各功能区最佳生产联系的合理位置。各功能区之间、牛场与周边环境间需设防疫隔离带；要根据场区主风向和坡度安排功能分区，以减少或防止牛场产生的不良气味、噪声及粪尿污水因风向和地面径流等对居民生活和管理区工作环境造成的污染，并减少疫病传播的机会。各功能区内的建筑应紧凑，在节约土地、满足当前生产需要的同时，综合考虑将来扩建和改造的需要。

肉牛场功能分区与场区地势、主导风向的关系见图 2-1。当主导风向和地势冲突时应优先考虑主风向，如在坡地建设牛场时生活管理区可放在地势较低的地方。

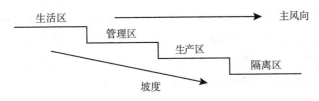

图2-1　肉牛场功能区与地势、主导风向关系图

（2）具体要求

①生活管理区　生活管理区又可细分为生活区和管理区，主要包括办公室、接待室、会议室、档案室、化验室，食堂餐厅、职工宿舍、卫生间，传达室、警卫值班室，围墙和大门，以及更衣消毒室、车辆消毒设施等，上述功能区可根据需要选择设置。生活管理区应设在场区常年主导风向的上风向及地势较高处，并方便与外部联系。设主大门，在靠近主大门的内侧进行集中布置各种设施。生活管理区与生产区要严格分开，并保证有足够的（50米以上）的防疫距离。养殖规模较小的肉牛标准化养殖场，上述功能单元可以适当合并，但档案室和化验室等功能单元必须具备。

②生产区　生产区设在生活管理区与隔离区之间，是整个肉牛养殖场的核心区，又可细分为肉牛饲养区和辅助生产区。

肉牛饲养区主要包括各生理阶段和生产目的的牛舍、人工授精室、兽医室、装（卸）牛台、称重装置、杂品库等设施，上述设施并不是所有牛场都必需的，应根据肉牛示范场的养殖需要进行选择。在饲养区与生活管理区相连的入口处设人员消毒室、更衣室和车辆消毒池。饲养区内牛舍间要保持适当的距离，布局整齐，不建议采用多排连体牛舍，以便防疫和防火。场区内净道和污道要严格分开，尽量避免交叉、混用。为行车方便，道路宽度应不小于4米，转变半径不小于8米，道路上空净高4米内不能有障碍物。

生产辅助区主要包括供水、供电、供热、维修、饲料加工间、精饲料仓库、糟渣贮存池、青贮池、干草棚等设施，其主要功能是为肉牛饲养提供支持。生产辅助区要紧靠饲养区设置，与生活管理区的界限要求不是非常严格。饲料加工区最好设置专用道路通向场外或生活管理区，饲料仓库要求卸料口开在生产辅助区内，取料口开在生产区内，以保证生产区内、外的运料车互不交叉使用。贮草区要根据需要建有青贮池、糟渣贮存池和草棚等，该区要尽量设在生产区的下风向。由于该区属于易发生火灾的区域，要与其他建筑物保持合理的防火间距，并配备消防栓、灭火器等防火设施。

规模较小的标准化肉牛示范场的肉牛饲养区和生产辅助区很难严格进行分开，但要重点注意保持饲料加工区和饲草贮存区远离牛舍，避免饲料和饲草受到污染。

③隔离与粪污处理区　隔离和粪污处理区是肉牛标准化养殖场必须高度重视的区域，包括隔离区和粪污处理区两部分，应设在场区常年主导风向的下风或侧风向以及全场地势最低处。在无法兼顾方向和地势时应以风向为主要设置依据。该区域主要有隔离牛舍、尸体解剖室、病死牛处理设备、装（卸）牛台、粪便和污水暂存与处理设施等。隔离与粪污处理区和生产区之间应设置适当的防疫间距，四周应有隔离屏障，如防疫沟、围墙、栅栏或浓密的乔灌木混合林带，以尽可能与外界隔绝。应设单独的通道和出入口与生产区及外界相连。隔离牛舍应设在距最近牛舍 50 米以外的地方。粪便和污水处理设施应设在场区的最下风向和地势最低的地方，并与其他设施保持适当的防疫间距，有专用道路和大门与场外道路相通。处理病死牛的填埋坑或焚尸炉更要远离生产区，并严密隔离。

不具备解剖条件的肉牛标准化示范场不要设立尸体解剖室，也不要自行对病死牛进行解剖，以免疫情扩散或导致人、畜交叉干扰。病死牛填埋坑或焚尸炉等也属非必需设施，可以与专业的处理机构签订委托处理协议请其代为处理。严禁将病死牛进行销售。

（3）占地面积　肉牛标准化示范场的占地面积主要根据养牛规模和发展需求确定，而同等规模的牛场所需的占地面积则主要由饲养工艺决定。由于不同工艺选用的设备不同，饲养管理方法、清粪方法和设备不同，牛舍环境控制方式和设备不同，以及所处的地理位置、自然条件不同，都会影响牛场的总建筑面积、占地面积。舍饲肉牛育肥场的场区占地总面积推荐按每头存栏牛 20～30 米^{2}考虑，根据不同的工艺进行面积调整，可上下浮动。繁殖母牛养殖场的占地面积推荐按照育肥场的 1.5～2 倍考虑。由于土地价格不断上涨，为了降低土地成本和提高土地利用效率，可以通过扩大牛舍跨度等方式在满足生产需求的基础上适当压缩单头牛所占的总面积。

（4）肉牛舍的建筑设计

①牛舍建筑形式　牛舍建筑形式是根据外围结构、屋顶结构和内部结构来分类的。按照外围结构不同可将牛舍分为全开放式（敞棚）、半开放式、有窗式和全密闭式牛舍等；按照屋顶结构不同可将牛舍分为钟楼式、半钟楼式、双坡式和单坡式或拱顶式等；按照内部结构不同可将牛舍分为单列式、双列式、多列式。我国幅员辽阔，气候变异很大，要根据当地的气候条件和生产工艺来选择合适的牛舍建筑形式。寒冷地区适合采用半开放式、有窗牛舍和全封闭式牛舍，采用季节性短期育肥的养牛场也可采用无牛舍的围栏式散养。炎热地区则以半开放式和开放式牛舍为佳。肉牛相对耐寒不耐热，因此育肥牛和成年牛牛舍的建筑要以防暑为主，犊牛由于自身功能发育不健全，不耐寒，牛舍需以防寒为主。在北方冬季寒冷多风的地区，建议采用封闭程度高的单坡牛舍或在双坡牛舍上部设采光带，以充分利用冬季日光取暖。在南方夏季炎热潮湿的地区，建议采用开放程度高、跨度大、屋顶高的牛舍，以利用自然通风和降温。

肉牛标准化养殖场（示范场）对牛舍的要求要高于一般肉牛育肥场，在评估时，如果牛舍建设样式为有窗式、半开放式、开放式的标准化牛舍时得满分，而简易牛舍则减半给分。牛舍建筑样式的选择可参考表 2-1。

表2-1　牛舍建筑气候建议分区

气候区域	1月平均气温（℃）	7月平均气温（℃）	平均湿度（%）	建筑要求	牛舍种类
I	≤ -10	5～26	—	防寒、保温、供暖	密闭式或有窗式
II	-10～-5	17～29	50～70	冬季保温 夏季通风	密闭式、有窗式或半开放式
III	-2～11	27～30	70～87	夏季降温 通风防潮	有窗式、半开放式或敞棚式
IV	≥ 10	≥ 27	75～80	夏季防暑降温 通风、隔热遮阴	有窗式、半开放式或敞棚式

　　表中建议的牛舍仅供参考，在实际生产中需根据生产方式的不同灵活调整，如在内蒙古地区虽然冬季1月份平均气温会低到-20℃，但如果仅在5～10月份进行集中育肥，仍可采用敞棚式牛舍，甚至可以使用围栏式无棚牛舍（无牛舍，仅设或不设简易遮阳棚），但使用围栏式无棚牛舍散养标准化示范场验收时会被扣分。

　　②牛舍建造要求　牛舍建筑形式和结构应最大限度地保证舍内环境符合肉牛生长和生产的要求，否则将影响肉牛健康和生产，造成经济上的损失。要积极采用各种标准化的饲养设备，并在设计牛舍的建筑形式和结构时考虑与饲养设备的安装相配套。

　　牛舍朝向：牛舍建造时首先要考虑朝向问题，在我国朝向主要根据牛舍的自然采光和通风要求确定。适宜朝向应能使牛舍夏季尽量少接受太阳辐射，且舍内自然通风能力强，冬季应能多接受太阳辐射，尽量避免冷风特别是贼风的渗透。牛舍的最佳朝向可根据综合日照和通风要求确定。表2-2是在多年研究的基础上总结出的我国不同地区主要城市民用建筑的最佳朝向，基本上涵盖了我国不同的气候区域，在选择牛舍建筑朝向时应尽量参考所在区域上述城市的设计要求。

表2-2 我国主要城市民舍推荐朝向

地 区	推荐朝向	适宜朝向	不宜朝向
武 汉	南偏西 15°	南偏东 15°	西、西北
广 州	南偏东 15°，南偏西 5°	南偏东 25°，南偏西 5°	西
南 京	南偏东 15°	南偏东 25°，南偏西 10°	西、北
济 南	南、南偏东 10°～15°	南偏西 30°	西偏北 5°～1°
合 肥	南偏东 5°～15°	南偏东 15°，南偏西 5°	西
郑 州	南偏东 15°	南偏东	西北
长 沙	南偏东 10° 左右	南	西、西北
成 都	南偏东 45° 至南偏西 15°	南偏东 45° 至东偏北 30°	西、北
昆 明	南偏东 25°	东至南至西	北偏东或西 35°
重 庆	南、南偏东 10°	南偏东 15°，南偏西 5°	东、西
拉 萨	南偏东 10°，南偏西 5°	南偏东 15°，南偏西 10°	西、北
上 海	南至南偏东 15°	南偏东 30°，南偏西 15°	北、西北
杭 州	南偏东 10°～15°，北偏东 6°	南、南偏东 30°	北、西
厦 门	南偏东 5°～10°	南偏东 22°，南偏西 10°	南偏西 25°，西偏北 30°
福 州	南、南偏东 5°～10°	南偏东 15° 内	西
北 京	南偏东 30° 内，南偏西 10°	南偏东 45° 内	北偏西 30°
沈 阳	南、南偏东 20°	南偏东至东，南偏西至西	东北、东至西北、西
长 春	南偏东 30°，南偏西 10°	南偏东 45°，南偏西 45°	北、东北、西北
哈尔滨	南偏东 15°	南至南偏东或西 15° 内	西、西北、北

　　牛舍建筑面积：肉牛标准化养殖场的牛舍面积需根据牛场的规模和工艺来确定。肉牛标准化示范场对牛的舒适度要求较高，因此对牛舍的建筑面积要求比一般肉牛养殖场要大，这在肉牛标准化示范场验收标准中也有体现。肉牛标准化示范场验收标准要

求牛舍内饲养密度头均大于等于 3.5 米^{2}以上，可以得满分；头均小于 3.5 米^{2}减半得分。为了保证肉牛的福利推荐采用拴系式饲养的肉牛牛舍建筑面积为头均 4～6 米^2；散养式饲养的肉牛牛舍建筑面积为头均 6～8 米^2。牛场内的辅属建筑物面积推荐为头均 2～3 米^2。

牛舍结构：肉牛标准化示范场对牛舍结构没有什么特殊要求，根据当地的气候条件选择合适的结构即可，结构材料应以实用、节约投资为基本原则。当前各地使用最多的结构为砖混结构或轻钢结构，轻钢结构具有建设速度快、建造灵活和总成本低等优点，应用范围越来越广。每栋牛舍的长度需要根据养殖的肉牛头数和牛场的总体规划布局确定。两栋牛舍的间距一般为檐高的 4～5 倍。为了增强隔热保温效果，牛舍屋顶的屋面最好加装隔热保温层。牛舍的高度不宜过低或过高。我国大部分肉牛牛舍的建设高度都不合理，影响采光、自然通风等效果，导致相关环境问题频发。一般要求单列式牛舍的檐口高度不低于 3 米，双列式不低于 3.6 米。随着牛舍跨度的增加，牛舍的高度还需进一步增加。根据国外肉牛舍的设计参数和我国的实践经验，肉牛舍跨度与高度的比例可参考表 2-3 确定。对于大跨度的牛舍，其檐高度统一确定为不超过 4.8 米，过高不利于保温，过低容易造成通风不畅。

表 2-3　不同跨度肉牛舍推荐的高度　（单位：米）

跨 度	≤ 12	15	18	≥ 21
高度（檐高）	3.6	4.2	4.2	4.8

内部布局：肉牛标准化养殖场牛舍的内部布局方式主要根据饲养工艺和每栋牛舍的饲养数量确定，最常用布局方式为单列式和双列式。单列式牛舍跨度一般为 5.1～6.5 米，双列式牛舍跨度一般为 10～12 米。双列式牛舍可采用对头式或对尾式布局，以对头式最为常用，牛舍的利用率较高。牛舍内部通道的宽度主要根据饲养工

艺确定，采用机械饲喂时以满足饲喂机械操作的最低宽度要求为标准；非机械饲喂时单列式和对尾式牛舍通道一般位于饲槽与墙壁之间，推荐宽度为 2.0～2.5 米，对头式牛舍的饲喂走道位于两侧饲槽之间，推荐宽度 2.5～3.5 米。

　　牛舍地面：牛舍内地面要求坚实、防滑、耐磨。牛床要能够承受肉牛的体重，又不易磨损牛蹄和四肢关节的皮肤。对于采用机械清粪的牛舍牛床还需要能够承受机械的重量和机械清粪的磨损要求。牛舍内的道路和路面尽量硬化，能够承受采用机械饲喂时的最大装载量。牛床地面应坚固、防滑、易于冲洗，并向粪沟作 2% 左右的倾斜，对于不设卧床的牛床地面可采用混凝土拉毛、带凹槽水泥地面或立砖地面。为了保护牛蹄和牛体，有条件的也可在水泥地面上使用橡胶垫或垫料，但对于肉牛而言橡胶垫的使用效果与投入比不是很好，清粪不及时还易造成肉牛滑倒摔伤。使用垫料的效果较好，但需要经常更换，垫料的成本较高。对于有卧床的牛舍躺卧区域，多采用沙土地面。牛床常用的混凝土地面结构如下：底层粗土夯实，中间层为 300 毫米厚粗沙石垫层，上层为 100 毫米厚 C20 混凝土，表层采用凹槽防滑，深度 1 厘米，间距 3～5 厘米。舍内地面通常应高于舍外地面 20～30 厘米，以利排水。

　　③不同类型牛舍的特殊要求

　　育肥牛舍：肉牛育肥根据饲养模式的不同分为拴系饲养、小群散养和大规模围栏育肥。拴系式饲养的方式在我国中小型肉牛标准化养殖场使用比较普遍，这种牛舍的设计也比较简单，每头牛有固定的饮水和采食位，单个牛位平均宽 1.0～1.2 米，一般不设牛床分隔栏，如果设分隔栏长度通常为牛床地面长度的 2/3。小群散养一般每群规模在 10 头左右，单个牛栏宽约 10 米，一般设独立的舍外运动场，也可采用全舍内设计。围栏育肥单栏的规模在数十头到数百头不等，常采用电围栏以降低建设成本。

　　繁殖母牛舍：分采用卧栏和不设卧栏两种。采用卧栏设计的牛舍其采食位和卧栏的比例应保持1：1，头均牛舍面积（含运动场）以8～10米^{2}为宜。不设卧栏的牛舍头均牛舍面积（含运动场）推荐为10米^{2}以上。由于肉牛较耐粗放饲养，养殖比较效益较低，因此一般不设卧栏。牛舍跨度单列式推荐为7米左右，双列式为12米左右；长度以不超过100米为宜，过长不方便管理和布局。

育成母牛舍：一般不设卧栏，如果设置卧栏，尺寸要比繁殖母牛小20%左右，其他设计与繁殖母牛舍基本一致，头均牛舍面积以4～6米^{2}为宜。为便于保定、配种、治疗等操作，可在牛槽上采用颈枷饲养。

带犊母牛舍：带犊饲养是传统肉用繁殖母牛养殖方式，这种方法可以实现犊牛饲养成本的最低化，并切实保障犊牛的健康。但这种养殖方式管理不当会延缓母牛的产后发情和配种，也不方便对犊牛进行单独补料，而且需要单独设置产犊舍。近些年来虽也有类似奶牛的养殖方式，将犊牛产出后即与母牛进行分开饲养，但效果多数不理想，不仅犊牛的养殖成本极高，发病率也高。研究表明，采取专门的带犊母牛舍设计可解决这一问题，该种牛舍将母牛舍、产犊舍、犊牛舍三种功能设计于一体，母牛在产犊栏中产犊，产完犊后进入垫料区休息活动，犊牛在补饲区和产犊栏内自由活动休息，母牛垫料区和犊牛活动区有仅供犊牛通过的通道，可在固定的时间或自由地让犊牛吃奶。带犊母牛舍的设计和饲养目前还没有统一的规范，推荐采用散养方式或卧栏饲养方式。

散养方式是为一群母牛提供一个未分隔的躺卧区域，躺卧区域铺垫料，如果不铺设垫料，栏内地面应设计为漏缝地板或向清粪排放系统倾斜的地板，以便粪尿可以流入沉淀池或粪尿沟。为了便于管理，一般一群为10～16头。牛舍的功能区包括产犊栏、犊牛补饲栏、运动场、饲喂栏、干草架、饲槽和饲喂通道等（图2-2），产犊栏和犊牛补饲区设在母牛垫料区中间，犊牛补饲区设在靠近运动场的一端。母牛在产犊栏里产犊，在产犊结束后转至垫料区。若产犊栏空置可作为犊牛补饲区的一部分。补饲栏与垫料区之间的栏杆间隔控制可使犊牛自由出入，而母牛不能进入。在补饲区中设饮水器供犊牛饮水，犊牛可以自由进入垫料区吮食母乳，也可以在饲槽中采食补饲料。

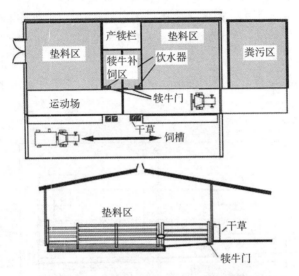

图2-2　带犊母牛散养舍平面图和剖面图

母牛各功能区和犊牛所需的牛舍面积可参考表2-4。

表2-4　母牛和犊牛所需面积　（单位：米²/头）

功能区		600千克以上	400～600千克	低于400千克
站立区		4～5	3～4	3～4
垫料区		6～7	5～6	4.5～5.0
铺垫料斜坡地面		4.5～6.0	4～5	4～5
漏缝地板地面		3.4～3.6	3.1～3.3	2.8～3.0
犊牛补饲区	冬春出生	1.0～1.5	1.0～1.5	1.0～1.5
	秋季出生	2	2	2

卧栏系统的优点是比较适合繁殖母牛，此系统可给每头母牛提供一个舒适的卧栏；缺点是灵活性差，尺寸固定，无法照顾到牛体型的变化。此牛舍的功能区包括卧栏、犊牛补饲区、产犊栏、采食区、饲槽、饮水器等（图 2-3）。卧栏为对头式或对尾式排列，与两侧墙有一定距离，以便母牛提供一定的运动空间。犊牛补饲区设在两排卧床中间，每栏需要设置 2 个犊牛补饲区，每头犊牛需要空间为 1.65～1.90 米^2，产犊栏设在犊牛补饲区中间。母牛采食区设在卧栏尾部且靠近饲槽，饲槽仅供母牛使用，犊牛在补饲区内单独采食。

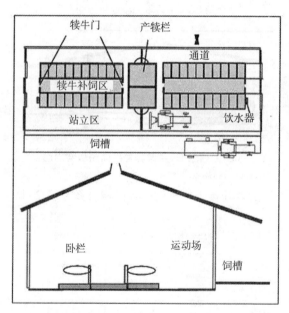

图 2-3　卧栏对头式牛舍平面图与剖面图

隔离牛舍：是对新购入牛只或已经生病的牛只进行隔离观察、诊断、治疗用的牛舍。建筑与普通育肥牛舍基本一致，通常采用拴系或颈枷式饲养，舍内不设卧栏，以便清理消毒。

（4）**运动场设计**　运动场是肉牛自由运动和休息的地方。我国北方地区冬季寒冷，南方地区夏季高温，加之多数牛舍缺乏基本的环境调控设施，没有运动场的牛舍很容易引起肉牛应激反应。设立独立的运动场符合我国大部分地区肉牛养殖的气候条件和生产现状。运动场一般利用牛舍之间的空地，设在牛舍南侧或两侧。运动场的面积要能保证肉牛自由运动、休息，不能太拥挤，又要节约用地。通常按头均育肥牛 4～8 米^2、繁殖母牛 10～15 米^2、育成母牛 8～10 米^2 设计。运动场要求平坦、干燥，最好有一定的坡度，中央高四周低呈馒头形或双坡屋脊形，四周设置排水沟，便于排水。

对于运动场的地面材质没有固定要求，以三合土地面或立砖地面为佳，最好采用三合土地面。三合土地面的做法为黄土、沙子（或细炉灰）、石灰以 5:3:2 混合均匀，按 2% 以上的坡度铺垫夯实，这种地面软硬适度，吸热、散热性能好，可大大减少肉牛肢蹄病的发生，但容易磨损。砖砌地面具有一定的保温性能，吸水性较好，但是容易被牛踏坏，扎伤牛蹄，造成蹄炎。水泥地面一般由水泥和沙子混合压磨而成，并做成一些花纹或凹槽以防滑跌，具有坚固耐磨、排水畅通、便于清扫等优点，但是地面过硬，导热性强，冬冷夏热，易造成蹄病及关节炎等疾病。土质地面一般是用黄土或沙子铺垫运动场，缺点是容易积水。

运动场周围要设有围栏，围栏必须坚固，横栏一般高 1.2～1.5 米，竖栏栏柱间距 3～5 米，栏柱间使用较细栏柱，间隔 0.3～0.4 米，饲养种公牛的牛栏应设置人员紧急逃生口。也可使用电围栏。运动场边应设补饲槽和饮水槽，补饲槽、饮水槽周围最好铺设 2～3 米宽的水泥地面，并向外有一定的坡度，以利排水。

我国目前绝大多数牛场都存在夏季运动场泥泞的问题，这主要是由于排水没有处理好，可采用增加下渗排水和加大坡度的方式加速雨水的排出。

（5）**凉棚设计**　由于肉牛不耐热，为了避免夏季阳光直晒牛体，在设有运动场的牛舍和围栏饲养时经常需要建设凉棚，也可选用遮阳网替代。运动场的凉棚一般建在运动场中央，也有的建在补饲区。围栏饲养时一般建在补饲区。凉棚设计要遵循以下几个原则。

①头均遮阴面积不低于 5 米^2。

②高度以 3～4 米为宜，且长轴沿东西走向为宜，以防阳光照射凉棚下的地面。增加高度虽然有利于通风，但阴影移动性较大，会增加地面温度，同时造价增加。

③棚顶应具有较好的隔热能力。研究表明，草顶遮阴隔热效果最好，也可以采用上面漆白下面漆黑的铝皮和镀铝铁皮等。

④凉棚应与牛舍保持一定的距离，避免每天有部分时间阴影打在牛舍围墙上，造成无效阴影。同时，凉棚与牛舍太近的话，也不利于牛舍通风。

⑤在棚顶沿凉棚纵向设计坡度为 1.5%～2.0%、深 10 厘米、宽 10 厘米的檐槽，低的一侧连接排水管，这样就能有效收集棚顶的雨水，做到雨污分开排放，既可防止雨水自然排放对运动场的破坏，还可有效降低运动场粪污的流量，减少环境污染。

（三）选择最适合牛场需要的设施与设备

肉牛标准化养殖场应根据实际生产工艺和牛舍建筑需要配备适宜的设施和设备，只有这样才能最大程度的提高设施和设备的利用效率以及养殖效益，标准化示范场对设施和设备的要求比一般的牛场更高。

1. 饲槽　饲槽是肉牛标准化养殖场最重要的设施之一，与肉牛的行为关系密切。食槽的设计应确保肉牛能用最自然的姿势进行采食。传统的饲槽多为统槽式，底部高于地面 20～30 厘米，内侧槽底和槽壁设计成圆弧形，以便于牛的采食和清扫（图 2-4），具体尺寸可参考表 2-5。饲槽的材料可因地制宜，传统的饲槽多为石槽，现多采用水泥和砖制作。传统饲槽的优点是浪费饲料较少，但上料和清扫强度大，不适合机械化饲喂，而且不符合肉牛自然放牧时的生理采食方式。

图 2-4 饲槽形状

表 2-5 不同阶段肉牛的饲槽规格 （单位：厘米）

饲槽尺寸	上部内宽	下部内宽	前沿高度	后沿高度
成年牛	55～65	35～45	30～35	50～65
育成、青年牛	45～60	30～40	25～30	45～50
犊 牛	30～35	25～30	15～20	30～35

推荐采用道槽一体的食槽设计方式，即饲槽位于饲喂通道的两侧，饲槽的外缘与饲喂通道平齐，向牛床方向形成一定的坡度，槽深 10～20 厘米，宽 50～70 厘米，具体可参考图 2-5。这种饲槽一般使用强度较高的混凝土制作，便于机械化饲喂，人工饲喂时也可大大降低劳动强度，清扫方便。

牛槽设计时要有一定的超前性，近几年随着劳动力成本的不断上升和招聘好的饲养员难度的增加，肉牛标准化示范场机械化饲喂是今后发展的主要方向，很多养牛场由于缺乏前瞻性，不得不在牛舍建好后再花费大量财力进行改造。

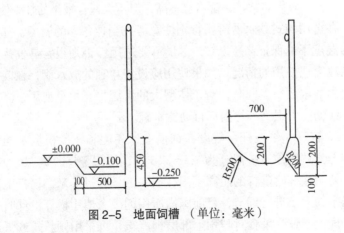

图 2-5 地面饲槽 （单位：毫米）

2. 饮水设备　水对于肉牛是必不可少的，肉牛每天的需水量较大，为了保证肉牛每天有充足、清洁、卫生的饮水，配备适宜的饮水设备至关重要。肉牛标准化养殖场必须为肉牛设置固定的饮水设备，饮水设备最好能保证肉牛 24 小时可自由饮水，并保证水温适宜，这一点对高档肉牛育肥尤为重要。

常用的饮水设备有碗式自动饮水器和饮水槽，碗式饮水器价格较高，且容易损坏，但能实现肉牛的自由饮水，而且能确保水质的清洁，比较适合采用拴系饲养或单栏饲养的肉牛使用。道槽一体设计的牛舍采用拴系饲养方式时最好采用碗式自动饮水器或单独的饮水槽，一般 2 头牛共用 1 个，安装在相邻牛床的固定柱上，高度高出地面 50～75 厘米，也可直接用饲槽作为水槽，但放水前要确保清扫干净。采用传统饲槽的肉牛养殖场通常用饲槽兼作水槽，不再单独的饮水设施。采用散养式饲养的肉牛通常在运动场设立独立饮水槽。饮水槽是散栏式牛场常用的饮水设施，一般宽 40 厘米，深 40 厘米，水槽高度不宜超过 70 厘米，水槽内水深以 15～20 厘米为宜，槽底设有排水孔，以便经常清洗水槽，保持饮水清洁。1 个水槽可满足 10～30 头牛的饮水需要。寒冷地区在冬季要采取相应的措施防止水槽结冰，目前有成熟的恒温或电加热式饮水槽，冬季可保持水温在 10℃以上，效果非常好，价格也不高，但不太适合很小的犊牛使用。

在选用碗式饮水器时要特别注意考虑当地冬季的温度，如果牛舍内温度不能保证高于 0℃，尽量不要选用，否则很容易发生管道内结冰无法使用的情况；如果使用应设置单独的放水阀，在晚上将管道内的水放空。同时，对于体型大的育肥牛要慎重使用，其力气大，活动能力强，容易损坏自动饮水碗。

3. 栏杆　牛栏杆一般设在饲槽上，高度和宽度根据牛的大小和饲养方式确定，一般高为 1.3～1.5 米，使用竖杆时宽 30～55 厘米；使用横杆时竖杆的距离不限，但一般不超过 6 米，横杆的高度根据牛的大小进行调节，目前国内所用的牛舍使用横杆设计时普遍不合理，导致牛采食时脖颈上部磨损严重，可采用倾斜式或弧形设计方式来避免。在建造通用式牛舍时要注意兼顾确保小牛不能穿过栏杆，又能保证大牛采食不受影响，可采用活动式栏杆。

4. 卧栏 卧栏是肉牛标准化养殖场可选择使用的设施，一般仅用于肉牛良种繁育场，高档肉牛育肥场也有选用。采用卧栏的优点是可以使肉牛采食和休息的区域分开，从而为肉牛提供了一个相对清洁、干燥、舒适的休息环境；缺点是需要较大的牛舍面积和额外的投资，卧栏内的垫料需要频繁补充。卧栏由卧床、卧栏隔栏、卧床基础和垫料组成。卧床和卧栏隔栏的尺寸、卧床基础及垫料等都会影响肉牛的舒适性，因此，要根据肉牛的生理需要精心进行设计。卧栏的尺寸需根据牛的体重和体型大小确定，具体可参考表2-6。

表2-6 不同体重和体尺母牛所需卧栏规格

体重（千克）	牛的体尺（米）		卧栏规格（米）			
	斜 长	鬐甲高	宽	躺卧长度	头部空间	总 长
500	1.51	1.33	1.13	1.58	0.47	2.01
600	1.59	1.38	1.17	1.66	0.48	2.10
700	1.65	1.42	1.21	1.72	0.50	2.17

注：摘自2004年9月CIGR第二次编订《肉牛舍建筑指导》。

隔栏长度要比卧床短36厘米左右，材料通常使用钢管。卧床基础一般采用水泥或砖制作，这样比较坚固耐用。卧床垫料可选用的材料种类很多，如粗沙、橡胶垫、木板、废轮胎、锯末、花生皮、干牛粪等，以粗沙最常用，既舒适耐用，又价格低廉，原料还比较容易获得。采用发酵晒干的牛粪作为垫料可以减少养牛场粪便处理量，还可大幅降低垫料成本。目前，发达国家的一些奶牛场已经开始应用水床，其一次性投资大，但维护和运行成本低，在国内肉牛上目前还没有应用。

5. 颈枷 颈枷也是肉牛养殖场可选择使用的设施，在不妨碍肉牛活动和休息的前提下，便于在采食或治疗时将肉牛固定在饲槽前。通过颈枷能有效防止肉牛采食时前肢踏入饲槽污染饲料，也可控制采食时的抢食现象，减少采食竞争。用颈枷将牛固定还便于观察牛的状况，方便保定治疗或对母牛进行配种等。但由于颈枷的造价较高，加上对于不去角的公牛进出颈枷不便，肉牛标准化养牛场一般较少使用。颈枷有自锁式或非自锁式两种，应根据养牛场自身的具体需要和工艺进行选择。繁殖母牛场可采用自锁式颈枷，肉牛育肥一般不采用颈枷。颈枷的尺寸需要根据肉牛体重和体尺确定，一般 300～500 千克的肉牛颈枷的柱距为 0.18～0.25 米。

6. 草料库　饲料贮存设施需按存栏肉牛的规模确定，但由于肉牛的品种、饲养工艺不同，各地的饲料资源也不同。因此，设计上要结合各方面因素来综合考虑。

（1）干草库　干草是肉牛的基础日粮，所有的肉牛标准化养殖场都应储备一定的干草。干草库一般为开放式结构，必要时用帘布进行保护，也可三面设墙一面敞开。建设面积和长、宽、高需根据干草贮备量确定，在没有青贮等来源的情况，贮备量一般要求按照每头牛每天 5 千克，能满足牛场 3～6 个月的需要量进行设计。一般干草的重量为羊草 30 千克 / 捆，苜蓿 20 千克 / 捆，小麦秸、稻草、玉米秸等高密度草捆 30 千克 / 米^3。干草库建造时要重点考虑防火，其次是防潮，并注意与其他建筑保持一定距离。

由于羊草、苜蓿等干草的价格都较高，即使小麦秸、稻草和玉米秸等的价格也不低，肉牛标准化示范场以玉米青贮和糟渣等为肉牛的主要青粗饲料时可以大幅压缩干草库的建设规模，但前提是其他青粗饲料的贮备量必须能满足全年肉牛养殖的需求。

（2）精料库　精料库多用单坡屋面，正面开放，内设多个隔间，隔间多少由精料种类确定，料库大小由肉牛存栏量、精饲料采食量和原料贮备时间决定。为方便装卸料，一般高度不低于 3.6 米，建议设计 1.2～1.8 米挑檐以防雨雪浸湿精料。料库前设计 6.5～7.5 米宽、向外坡度为 2% 的水泥路面，供料车进入。设计时为了防疫需要，严格意义上精料库应采用前后开门的设计方式，前门正对生活管理区，后门对生产区。要注意防潮、防鼠和防鸟。精料补充料贮备量应能满足牛场1～2个月的需要量。

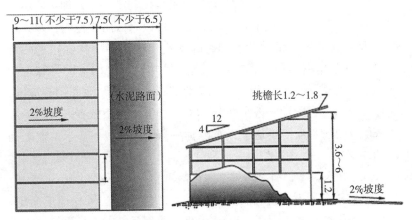

图2-6　精料库平面和侧面图　（单位：米）

对于自行配制精料补充料的肉牛场，要建有专门的原料储备库，贮备量要至少能满足牛场1～2个月的需要量，精料补充料库的规模可以压缩，能满足3～5天的需要量即可。在冬季降雪较多的新疆、内蒙古和东北等地区，原料贮备量要根据当地的运输条件和常年降雪情况适当加大。采用外购精料补充料的肉牛标准化养殖场精料库的规模，要根据当地的交通运输条件和厂家的供货能力确定，贮备量应至少能满足7天以上的牛场需要量。

（3）青贮池　青贮池是肉牛标准化养殖场最重要的饲料贮存设施之一，应建在离牛舍较近且便于防疫的地方。青贮池地势要干燥，易排水，切忌在低洼处或树荫下建窖，以防漏水、漏气和倒塌。合理的青贮池设计要能保证青贮饲料的正常发酵并较长时间保持良好的品质。青贮池要求不透气、不透水、防冻。青贮池的大小需要根据牛群的大小、青贮饲料的需要量、饲喂天数和青贮发酵的环境确定。常见的青贮池分为半地下式、地下式和地上式3种，不管何种方式池底都应距最高地下水位 1 米以上。地下式青贮池适用地下水位低、土质坚硬地区，半地上式和地上式适用地下水位高或土质较差的地区，在降雨量大的地区现多采用地上式。地下式和半地下式青贮池存储量大，容易压实，相对投资小，但处理不好不易排出渗出液和雨水。地上式青贮池夏季可以有效防止池内存水，也便于青贮取料机等机械的操作，因此更受肉牛标准化养殖场的青睐，其缺点是不容易压实、造价高。另外也可采用青贮窖和青贮塔。常用青贮池为长条形，三面为墙，一面敞开，池底稍有坡度，设有排水沟。青贮池一般高 2.5～4.0 米，其中地下式青贮池地下部分一般深 2～4 米，半地下式青贮池一般地下深 1～2 米，地上高 1.5 米左右，地上式青贮池一般高 2～3 米。池壁成倒梯形，倾斜度为每深 1.0 米，上口外倾 5～7 厘米。宽度一般不超过 10～15 米，要求每次取料深度能够达 20 厘米以上，长度因贮量和地形而定。青贮贮备量按每头牛每天 8～10 千克计算，最好能满足牛场全年需要量。青贮量通常按 400～600 千克／米³ 估算。

当前，由于玉米秸、麦秸、稻草等传统的饲草不仅收购价格高，营养价值低，而且收购困难，因此肉牛标准化养殖场推荐使用青贮饲料。在牛场规划设计时应根据牛场全年的需要量规划青贮池的数量。同时，要适当控制单个牛场的养殖规模，以减少青粗饲料收购的运输半径，降低运输成本。

7. 饲料加工设备　粗饲料和青贮饲料加工设备有牧草收割打捆机、铡草机、揉搓机、制粒机、青贮切割机等，用于完成对饲料原料的切割、粉碎、成形、混合等，可根据肉牛标准化养殖场的需要选配。精饲料加工设备主要包括粉碎设备和搅拌设备，需根据肉牛标准化养殖场的养殖规模选择合适的型号。肉牛标准化养殖场推荐采用全混合日粮进行饲喂，全混合日粮的配制最好使用全混合日粮搅拌车，搅拌车分固定式和移动式两种，固定式的按搅拌方式又可分为立式和卧式等不同型号。对于养殖规模大的肉牛标准化示范场推荐使用固定式搅拌车，用电成本要远低于燃油成本。

8. 附属设施设备

（1）**保定架** 是肉牛标准化养殖场必备的设施之一，主要用于固定牛只以方便进行配种、检查、治疗和手术等。传统的保定架非常简单，由 4 或 6 根立柱和部分横柱组成，也称四柱栏或六柱栏（图 2-7，图 2-8）。现代化的保定架设计较为复杂，但使用更为方便（图 2-9，图 2-10）。

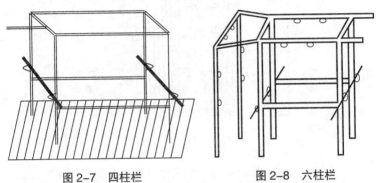

图 2-7 四柱栏　　　　　　图 2-8 六柱栏

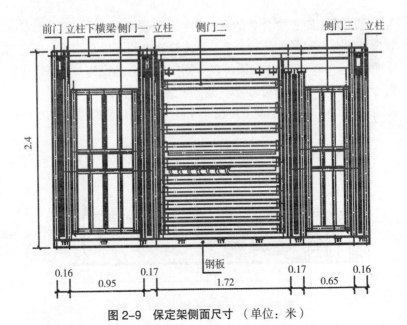

前门 立柱 下横梁 侧门一 立柱　　　侧门二　　　　　　侧门三 立柱

2.4

钢板

0.16　0.95　0.17　1.72　0.17　0.65　0.16

图 2-9 保定架侧面尺寸 （单位：米）

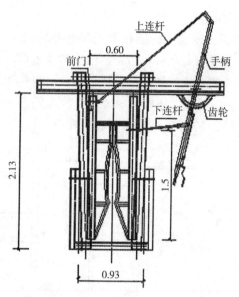

图 2-10　保定架正面尺寸　（单位：米）

（2）装（卸）牛台　是用于肉牛装车或卸车的设施，其形状一般为斜坡形，宽度 1.5～2.5 米，高度最高点与运牛车同高，低点与地面相接。装（卸）牛台既可以为固定的永久性设施，也可以为用钢管和木材等制作的可移动设施。为适用于各种运牛车辆的高度，移动式装（卸）牛台的高度可设计成可调节的。具体可参考图 2-11。

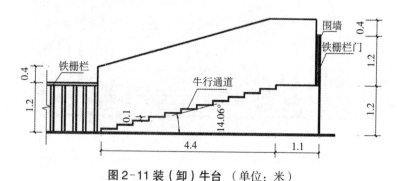

图 2-11 装（卸）牛台　（单位：米）

（3）**刷毛机** 刷毛机是代替人工用于肉牛自动按摩的设备。使用刷毛机可以大大减少人工刷毛的劳动强度，提高肉牛的舒适性，但设备造价较高，多为高档肉牛育肥场采用。

（4）**供水设施与设备** 肉牛标准化养殖场可采用无塔恒压给水装置、水塔、蓄水池、压力罐等方式供水，推荐供水压力为147～196千帕。全场用水量设计应包括肉牛饮用水、牛舍清洗和降温用水、职工生活水等，另加5%的不预见水量。肉牛的日饮水量受品种、年龄、生长阶段、饲料、气候等因素的影响变化较大，牛场给水设计应按每头育肥牛日需水量40～50升，每人日需水量100升，每日供水量不低于牛场日需水量的2.5倍。生活与管理区给水、排放按工业与民用建筑有关规定执行。根据防火规范要求，低压管道室外消防应保证灭火时最不利点消火栓的水压不小于100千帕，室内消火栓水枪的充实水柱高度应不小于7米。

（5）**环境控制设施与设备** 肉牛标准化养殖场为了保证牛舍的冬季保温、隔热和夏季通风降温等需求，需要根据不同的需要选用有利于牛舍通风和温度调控的专用设施和设备，包括喷雾、大型风扇、温湿度感应器、有毒有害气体浓度探测器、湿帘、鼓风机、采光板、卷帘机等等。选择肉牛舍专用产品可有效保证质量与使用效果。

（6）**供电设施与设备** 肉牛标准化示范场的电力负荷等级应为二级及以上。当地不能保证二级供电时应设置自备发电机组，以备在断电时保证供水、供料和环境调控等的用电需要。《工业与民用供电系统设计规范》（GBJ 52-83Z）中对电力负荷有明确规定，可参照执行。

（7）**消防、防震设施与设备** 肉牛标准化养殖场的场内消防应采取经济合理、安全可靠的消防措施，符合《村镇建筑设计防火规范》（GBJ 39-90）的规定；生产建筑、配套设施、附属建筑的耐火等级应为三级及以上；变电所和发电机房的耐火等级应为二级及以上。消防通道可利用场内道路，并与场外公路相通；可采用生产、生活、消防合一的给水系统，以节约投资。肉牛养殖场各类建筑的抗震标准应按《建筑抗震设计规范》（GB 50011）确定。牛场的防震等级要求不高，生产、辅助生产和生活管理建筑均属于丙类建筑，按建场地区设防烈度采取抗震措施即可。

（8）化验分析设施与设备　肉牛标准化示范场应根据养殖实际需要建立简单的饲料营养分析、兽医化验等实验室，并配备必要的设备，以满足生产过程中所需的兽医化验、饲料检测、环境监测等工作的需要。

（9）粪污处理设施与设备　肉牛标准化示范场的清粪方式根据机械化程度分为人工清粪、半机械清粪和机械清粪3种，人工清粪所需的设备非常简单，主要包括铁锨、扫帚、人工或机械运粪车等。半机械清粪适用于没有漏缝地板的牛舍，采用清粪车进行清粪，清粪车现已有专门的设备，但价格昂贵，多数牛场都是用铲车自行改装。机械清粪适合采用漏缝地板设计的牛舍，直接采用刮粪板清粪。也有在牛床上安装刮粪板进行机械清粪的，但只适合采用散养式饲养工艺，造价较高。粪污处理所需的设施和设备很多，简单的有堆肥发酵，复杂的有沼气发酵，应根据工艺需要进行选择。

（10）信息设施与设备　肉牛标准化示范场应配置计算机、电话、网络、监控等现代化的电子信息设施和设备，以满足牛场现代化管理的信息需要。

（四）牦牛养殖的特殊规划与设计

牦牛的标准化生产程度相对肉牛更低，其舍饲养殖是一项系统工程，需要有坚实的技术保障。牧场及牧户要根据自己的草资源条件、牛群质量、技术优势、交通条件等因素，以获取最大效益为目的，走标准化养殖道路。牦牛养殖的规划布局和建筑设计与肉牛差别很大，需要根据牦牛的养殖特点进行较大的调整。

牦牛养殖的建筑设计主要包括住房、暖棚、卧圈、草棚、巷道圈等。建设养牛场地应选择在地势高而平整、背风向阳、干燥的地方，要求交通方便，供水充足而安全，能供电。随着社会化服务体系的不断完善，场地选择还应考虑教育、医疗卫生、通讯、金融等的机构设置、服务能力等。

要根据地形地貌、风向等条件合理布局住房、暖棚、卧圈、草棚、巷道圈等建筑物。人的住房选择在地势较高，向阳而日照时间较长，上风方向的位置，暖棚和卧圈选择在住房的下风方向。为了便于管理两者的距离不宜太远。草棚应选择在离住房较远，离畜圈较近的位置，一方面要便于草料的进库和堆放，另一方面要便于草料的取出和饲喂。巷道圈选择在离道路较近的位置，但可离住房远一些，因其使用的时间不是很多，管理也较为方便。

根据人员情况、牦牛饲养数量、投资能力等规划住房、暖棚、卧圈、草棚、巷道圈等建筑物的建筑面积。住房以适用为原则，平均每人达到 10～20 米^2 即可。暖棚的面积则需根据冬季需进棚饲养的牦牛数量确定，平均每头牛 1.5～2.0 米^2；卧圈可建得大一些，平均每头牛 2～3 米^2。草棚的建筑面积根据牧草的产量而定，并预留一定的发展空间；巷道圈的长、宽应根据牦牛的体型大小确定，宽度以牦牛进入后不能调头为准，长度根据牛群的大小和成产需要确定。暖棚建设可用砖混结构平房或一楼一底，毛石砼基础，地面下 60 厘米；混凝土地面，提高 30～60 厘米；砖混墙体或中空墙体，高 2.5～2.8 米；人字架屋顶，轻质材料吊顶；钢管固定架；水槽宽 40～60 厘米，排污沟宽 40 厘米，卧圈砖墙高 2.0～2.5 米，松土地面或粒沙地面。草棚设计为砖混结构平房或轻钢结构，毛石砼基础，地面下 60 厘米；混凝土地面及砖混墙体，墙高 3.3～3.8 米。

基础设施建设包括饲槽、水槽、栓系柱、排水沟、粪池等相关配套设施，保定架、药浴池等畜种改良及疫病防治设施，青贮窖（池）等牧草贮存设施。除此之外，还应配备必要的医用器械和常用药品，割草机、拖拉机等牧草生产、运输、加工机具等。

围栏建设是牦牛养殖的重要基础设施，需根据草场的地形地貌和面积合理划区围栏。围栏有钢丝网围栏、生物围栏等，目前基本都采用钢丝网围栏。网围栏的钢丝丝径和网眼孔径直接影响钢丝网围栏的质量。一般钢丝丝径越大、网眼孔径越小，钢丝网围栏的质量越好，投资也越大，牧户可根据投资能力进行选择。钢丝网围栏的立柱及角柱可用角钢，也可自制水泥柱。角钢便于使用，但成本高于自制水泥柱1倍以上。钢丝网围栏的门多为钢结构，可订购，也可根据需要定做。另外，钢丝网围栏的安装还需要斜铁、斜撑、拉线、标件等配套材料。生物围栏是种植适生树种而成的围栏，是可永久性利用的围栏，其投资少，且有利于生态保护与建设，是国家提倡和积极支持应用推广的方法，但由于周期较长，加上牧区普遍水资源缺乏，树木种植和成活的难度大，进行大面积的围栏建设难度很大，仅适用于小范围的围栏建设。

第三章

肉牛标准化养殖的品种选择

一、标准化养殖对品种的要求

良种是肉牛标准化养殖的基础,在其他条件不变的情况下其对提高养殖效益的贡献在60%以上。只有选择好的品种,并辅以配套的高产标准化饲养技术,才能实现养殖效益的最大化。在肉牛标准化示范场验收标准中虽然对品种没有提出明确要求,但在农业部《加快推进畜禽标准化规模养殖的意见》和《畜禽标准化示范场管理办法》中都明确提出了良种化的要求,指出要"因地制宜,选用高产、优质、高效畜禽良种,品种来源清楚、检疫合格,实现畜禽品种良种化"。实际上,对于肉牛标准化养殖场而言,对品种的要求远不止如此。由于肉牛标准化养殖投资相对大,需要尽量采用机械化饲养,对于品种的选择有更高的要求。同时,对于饲养繁殖母牛的肉牛标准化养殖场而言,由于经济效益完全来自所繁殖的犊牛,因此更要精心选择品种。

(一)品种良种化

要想提高肉牛标准化养殖场的生产水平和经济效益,首先必须实现肉牛品种的良种化。优良的肉牛品种普遍具有适应性强、饲料报酬高、生长速度快、繁殖力强等优点,育肥牛在消耗相同饲料的情况下能获得更高的增重,或者是能在获得相同增重的情况下减少

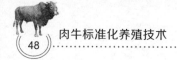

饲料消耗，同时不易发生疾病；繁殖母牛在相同的时间内能获得更多或更好的后代犊牛，犊牛的成活率和断奶重高，这必然会提高养殖的经济效益。肉牛标准化养殖场由于饲养的肉牛数量大，很难做到像传统农户那样精细的饲养管理，因此对品种良种化的需求更为迫切。

（二）品种一致化

同一品种的肉牛其生长和发育速度、采食量、采食速度、饲料报酬、牛肉品质等相对一致，而不同的肉牛品种间存在着明显的差异。肉牛标准化示范场养殖规模大，为了便于管理和获得更高的效益，更多地需要采用相对统一的配合日粮和机械化饲喂，这就要求饲养的肉牛品种应尽量统一，即使不具备条件需要饲养多个品种（含杂交后代），也应尽量选择生长发育阶段、增重、饲料报酬和采食量等接近的品种。如果一个肉牛场内同时饲养发育阶段、采食量、生长速度等不相同的一个或多个品种，会大大增加饲料配制和饲喂的难度，对管理的要求也更复杂。对于品种和个体差异过大的肉牛必须进行分群饲养。

（三）品种稳定化

牛肉由于其自身独特的特点，会因品质不同而价格相差数倍甚至数十倍以上，消费者对牛肉品质的要求也非常挑剔。肉牛标准化养殖场要想提高养殖的效益，必须创立自己的品牌，而品牌的建立要求牛肉的品质不仅要高，而且口感、风味、嫩度等都要保持相对稳定。不同的肉牛品种其牛肉的色泽、嫩度、眼肌面积和风味等都有很大的不同，对牛肉的品质有显著影响。如果养牛场的肉牛品种经常更换，就很难保持牛肉品质的稳定，从而影响品牌的建立和养殖的经济效益。

（四）繁殖高效化

对于饲养繁殖母牛的肉牛标准化养殖示范场而言，其主要产品就是每年所生的犊牛，因此母牛的繁殖率和犊牛的成活率就直接决定了肉牛场的养殖效益。从国外和国内发展的趋势来看，人工成本的提高是个必然趋势，而肉牛标准化养殖场其养殖规模决定了其很难像传统的农户分散养殖时对每头妊娠母牛和初生犊牛进行精心照料和护理，在放牧条件下更是不可能。因此，国外在肉牛品种选育时很早就改变了母牛的选育方向，要求母牛出生的犊牛初生重要小，母牛难产率要低，但犊牛出生后的增重速度要快，抗病力强，以实现母牛最大程度的自然顺产分娩和犊牛的高成活率，做到繁殖的高效化。同时，广泛应用各种能提高母牛繁殖率和犊牛成活率的新技术，这也是我国肉牛标准化养殖场今后发展的趋势。

二、品种现状与存在的问题

（一）品种现状

我国当前拥有世界上最多的肉牛品种。我国有着丰富的地方黄牛品种资源，其分布从南至北、由东到西遍及全国各地，仅在我国畜禽品种志上登记在册的黄牛品种就多达 26 个，此外还有众多的地方品种资源。我国地方黄牛历史上以役用为主，从改革开放以后开始与国外肉牛品种进行大规模的杂交，产肉性能迅速提高。同时，生产实践还表明我国很多地方黄牛也具有非常好的肉用性能，通过改进饲养管理水平，采用现代肉类生产工艺，能生产出风味独特、品质优良的牛肉。我国还有 5 个牦牛品种，是青藏高原特有的品种，具有适应高海拔、高寒等极端恶劣环境的能力。新中国成立以来我国自主培育出了一些肉牛专用和兼用品种，但这些品种的群体数量除个别存栏较多外，其他都很少，饲养区域较窄。

目前地方黄牛仍是我国肉牛业的主要牛种，也是我国肉牛业生产的主体。

新中国成立以后我国先后引进了国外几乎所有的主要肉牛品种，如海福特牛、安格斯牛、夏洛莱牛、利木赞牛、西门塔尔牛和婆罗门牛等，用来杂交改良当地黄牛，取得了显著的效果，获得了大批的杂交后代，为满足我国的牛肉需求做出了重大贡献。但这些引进品种至今没有一个能在国内形成大规模的纯繁养殖群体，进行纯种选育更是无从谈起。种牛一直依赖进口种公牛或胚胎来支撑，没有走出引种、退化、再引种的恶性循环。不过最近几年，国内开始大量引进安格斯牛，有望成为国内第一个可以进行大规模养殖的国外纯种肉牛品种。

（二）存在的问题

1. 品种混杂　我国由于多年来养殖繁殖母牛的效益偏低，导致缺少从事规模化养殖的繁殖母牛场，饲养繁殖母牛的养牛户繁殖的犊牛则很少自己进行育肥，这就形成了肉牛标准化示范场以育肥为主，所饲养的牛主要依赖从本场以外的众多养牛场（户）或交易市场购入的现状，结果是育肥架子牛的来源广泛，品种繁杂，有的肉牛示范场甚至有多达 10 多个品种的杂交后代。除了少数饲养种牛的肉牛标准化养殖场外，即使饲养繁殖母牛的肉牛场也大都没有系谱档案，养牛场（户）更无从谈起。因此根本无法查明所购牛的品种，仅能通过体型外貌进行简单的判定。由于品种过多，在饲养过程中根本无法按照一个标准进行养殖，使标准化养殖成为空谈。据测算，由于我国品种的无序杂交，每年损失的牛肉产量相当于少饲养 1 000 万头肉牛。

2. 良种繁育体系缺乏　改革开放以来，随着我国肉牛产业的飞速发展，很多地区特别是中原和东北肉牛优势产区基本上都建立起了较为完善的省、县、乡、村四级肉牛改良繁育体系。但这个体系主要是通过人工授精技术对肉牛进行杂交改良，极少对所产的犊牛进行系统的登记和生产性能测定，更没有进行系统的选种选配，导致杂交一直是无序进行。进入 21 世纪以后，随着肉牛数量的减少，即使这样的体系也在不断萎缩。这就使我国一直缺乏对肉牛的系统选育，不仅未能培育出享誉世界的肉牛专用品种，连我国特有的地方黄牛品种纯种也不断减少，有的甚至灭绝或濒临灭绝，导致连利用杂交优势进行商品化生产也难以为继。我国种公牛站现有的肉用种公牛几乎全部从国外直接进口或是进口胚胎进行胚胎移植所生的后代，群体数量少，种公牛的品质一般。每年生产的冻精全部使用也仅能满足全国不到 1/4 的需求，但即使这少量的公牛冻精也无法在生产中得到推广使用。优秀种公牛在我国肉牛业发展中所起的作用相对较小。

3. 地方黄牛开发利用不足 我国有众多的地方黄牛品种，如鲁西黄牛、秦川牛、南阳牛等，它们都具有独特的环境适应性、耐粗饲和肉质鲜美的特性，在历史上享有盛誉。但这些牛传统上一直以役用为主，没有专门进行肉用性能的选育，因此增重速度与国外专门的肉牛品种相比要慢。改革开放以来的很长时间里，我国肉牛业虽然取得了快速发展，但养殖完全以追求生长速度为主，从事肉牛育肥养殖户更愿意选择大型国外肉牛品种与本地黄牛杂交所生的杂交后代，导致母牛养殖户都选用进口种公牛的冻精配种，很少有人再饲养地方黄牛。结果却是不仅外国纯种肉牛未能在国内发展出大的群体规模，连本地黄牛的纯种数量也大幅减少。其实，本地黄牛虽然增重速度较慢，但对饲料的要求也低，特别是本地黄牛生产高档牛肉的成本更低，这已经得到了饲养实践的广泛证实，从高端产品开发来看饲养本地黄牛的效益并不低于进口牛和杂交牛。

4. 良种良法不配套 与国外肉牛发达国家相比，我国的肉牛平均单产很低，出栏牛的头均胴体重不足 150 千克，尚不及世界平均水平，还不足美国的一半。在世界牛肉产量前三位的国家中，我国的肉牛出栏量位居第一，但牛肉产量却居最后一位。造成我国肉牛单产低的主要原因是由于没有做到实行良种良法配套。我国虽然拥有数量庞大的杂交肉牛，但由于肉牛养殖技术研究的滞后和养殖从业者科学养殖知识缺乏的限制，对杂交肉牛仍基本按照传统的役用牛饲养方式进行饲养，有的则照搬国外纯种肉牛的饲养方式，导致要么营养不足，不能发挥杂交优势，要么营养水平过高，饲料资源浪费。

5. 肉牛品种选育与市场衔接不紧密 最近几年，我国肉牛产业逐步培育出了一批著名的牛肉品牌，但这些品牌均为商品名称，并没有体现出牛品种的特征。与培育专门的肉牛品种相比，企业更热衷于品牌的创建和立竿见影的经济效益。在这种市场信号的引导下，肉牛标准化养殖场和养殖户很少能对品种和产品质量做出更深入的考虑，从而无法进行有针对性的系统选育。从以前引种情况及养殖者对肉牛品种的选择上可以看出，在追求高生长速度的时候用夏洛莱牛、西门塔尔、利木赞等大型牛品种进行杂交更受欢迎，而在追求牛肉品质的时候，又扎堆于用日本和牛与安格斯牛进行杂交。最终的结果却是新的品种没有培育出来，自己原有的品种又丢了。

三、实现标准化的措施和方法

针对我国肉牛标准化养殖中品种方面存在的问题，应采取以下5个方面的措施和方法加以进行解决，一是根据生产需要选择合适的品种，二是建立完善杂交选育体系，三是加快肉牛新品种的培育，四是加强地方良种黄牛和牦牛的本品种选育，五是综合采用各种繁殖技术提高母牛的繁殖率。

（一）根据生产需要选择合适的品种

我国有众多的地方黄牛和牦牛品种以及种群资源，同时还引进了很多国外肉牛良种，并培育出了一些肉牛新品种。每一个品种都有自己的独特特性，在生产中要根据饲养目的和当地的条件选择最适合自己的肉牛品种。

1. 可选择的主要品种 我国目前养殖可选择的品种较多，本书仅就品种的主要特点做简要介绍。

（1）主要地方品种

①鲁西黄牛　是我国著名的大型地方黄牛品种，中原三大黄牛之一，具有肉质好、个体高大、产肉多、役用能力和抗逆性强等特点，享有"山东膘牛"的盛誉。原主产区为黄河下游地区的山东省鲁西南地区。鲁西黄牛体躯高大而略短，结构匀称紧凑，肌肉发达，多数具有典型的"三粉"特征，毛色从红棕色到浅黄色。鲁西黄牛具有良好的产肉性能，皮薄骨细，产肉率高，未经育肥的18月龄公、母牛平均屠宰率56%～60%，净肉率48%～51%。鲁西黄牛肉质细嫩，肌纤维细，口感好，肌间脂肪沉积性能好，育肥后大理石状花纹明显，脂肪色泽洁白。鲁西黄牛繁殖性能强，与引进的各种国外良种牛进行杂交难产率都很低。鲁西黄牛耐粗饲，在不喂精饲料的情况下能够依靠干草和小麦秸、玉米秸等作物秸秆维持繁殖，但对饲养管理的要求较为精细。

②秦川牛　是我国著名的大型地方黄牛品种，中原三大黄牛之一，体躯较高，役用能力强，性情温顺，肉用性能好。秦川牛原主产区为陕西省渭河流域的关中平原，又名关中牛。秦川牛体格较为高大，骨骼粗壮，体质强健，肌肉丰厚。体型外貌可以概括为一长（体躯）、二方（口和尻）、三宽（额、胸和后躯）、四紧（蹄叉）、五短（颈和四肢）。被毛以紫红和红色为主。秦川牛肉用性能良好，易肥育，肉质细嫩，柔软多汁，大理石状花纹明显。秦川牛繁殖性能强，性成熟早，适于与各种大中型肉牛品种进行杂交。秦川牛适应性强，较耐粗饲，较耐寒。

③南阳牛　是我国著名大型地方黄牛品种，中原三大黄牛之一，具有体格高大、行走速度快、适应性强、耐粗饲等特点，是我国夏南牛培育的母本，原主产区为河南省南阳地区。南阳牛肌肉丰满，结构紧凑，发育匀称。被毛以米黄色为主，面部、腹下和四肢下部毛色稍浅。南阳牛肌肉丰满，产肉性能良好，牛肉大理石状花纹明显，肉质好，味道鲜美。南阳牛性成熟较早，繁殖能力较强。

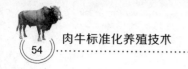

南阳牛较耐粗饲，适应性强。

④延边牛　是我国东北地区优良的地方黄牛品种，具有体质结实、抗寒性能良好、耐粗饲、役用能力强、适应水田作业、抗病力强等特点，是朝鲜与本地黄牛长期杂交的结果，也混有蒙古牛的血缘。原主产区为吉林省延边地区。延边牛体质结实，适应性强。胸部深宽，骨骼坚实，被毛长而密，皮厚而有弹力。毛色多呈浓淡不同的黄色，鼻镜一般呈淡褐色，带有黑斑点。使役持久力强，不易疲劳。延边牛在 −26℃时牛只虽然表现出明显不安，但仍能保持正常食欲和反刍，是我国宝贵的抗寒品种。

⑤蒙古牛　是我国北方优良的地方黄牛品种，原产于蒙古高原地区，现主要分布在内蒙古和黑龙江、吉林、辽宁等周边的地区。中国的三河牛和草原红牛都是以蒙古母牛为基础群而育成的。蒙古牛被毛长而粗硬，以黄褐色、黑色及黑白花为多。皮肤厚而少弹性。躯短窄，尻部倾斜。背腰平直，四肢粗短健壮。蒙古牛乳房匀称且较其他黄牛品种发达，泌乳期 5.0～6.5 个月，年平均产奶量 500～700 千克。蒙古牛体重由于自然条件不同差异很大，变化范围为 250～500 千克不等。蒙古牛耐粗饲，适宜放牧，易育肥，适应性强，育肥增重潜力大，抗病力强，是我国牧区优良品种资源之一。

⑥中国牦牛　是我国众多地方牦牛品种的统称。牦牛在我国分布于西藏、青海、四川、甘肃、新疆和云南等省（区）海拔 3 000米以上的高寒地区。家养牦牛体型外貌上带有野牦牛的特征，前躯发达，后躯发育较差。体侧下部密生粗长毛，尾短并生蓬松长毛。毛色多为黑褐色，少数为白色。牦牛是我国高海拔地区农牧民主要的肉、奶和毛的来源。母牦牛一般 2.0～3.5 岁开始发情配种，正常情况下繁殖成活率仅为 30%～40%，在牧草条件良好和饲养管理水平高的地区可达 60% 左右，采用放牧加补饲的牦牛繁殖成活率更高，且繁殖利用年限长，可达 15 年以上。牦牛耐粗饲，抗逆性强，能够完全依靠贫瘠的天然草地牧草获取营养并越冬。

（2）主要引进国外品种

①夏洛莱牛　是世界上最著名的大型肉用牛品种之一，原产于法国中西部到东南部的夏洛莱和涅夫勒地区，1920年育成专用肉牛品种。全身被毛为乳白色或白色，少数呈枯草黄色。夏洛莱牛具有体重大，肌肉脂肪少，生长速度快，饲料报酬、屠宰率和瘦肉率高，肉质细嫩等特性，已被推广到50多个国家和地区饲养。夏洛莱牛母牛性成熟较晚，产奶性能良好，犊牛初生重大，难产率较高。夏洛莱牛对环境适应性较强，适应放牧饲养，但对草场质量和营养水平要求较高。

②利木赞牛　原产于法国中部阿奎屯地区的利木赞高原，最初为役用品种，19世纪末培育成为世界上最重要的大型肉用品种之一。利木赞牛以体型高大、生长快、肌肉丰满、产肉率高、肉质好而著称，现已遍布世界各地。其毛色为黄红色，腹下、四肢、尾部毛色稍浅。利木赞牛前期生长特别快，早期沉积脂肪能力强，12月龄以前即可生产出具有一定大理石状花纹的牛肉，是生产优质牛肉和小牛肉的优良品种。利木赞牛犊牛初生重较小，难产率低，母牛性成熟较早。利木赞牛性情温顺，耐粗饲，抗逆性好，适应性强，各种牧草及作物秸秆均可饲喂，舍饲、放牧均可。

③安格斯牛　原产于英国苏格兰北部的阿伯丁和安格斯地区，是世界上最古老的中型早熟肉牛品种之一。安格斯牛具有生长发育快，早熟，易沉积脂肪，耐粗饲，肉质好，饲料报酬、屠宰率高，难产率低等特性。安格斯牛原以全身毛色纯黑而无角为主要外貌特征，现已育成红色安格斯牛和有角安格斯牛。安格斯牛脂肪沉积能力强，大理石状花纹好，胴体等级高。母牛约在12月龄达性成熟，产犊间隔12个月左右，犊牛初生重小，难产率很低，繁殖率高，泌乳性能较好。安格斯牛体质结实，适应性强，适于放牧和舍饲管理，较耐粗饲，耐寒冷，抗病力强。

④海福特牛　原产于英国英格兰西部威尔士地区的海福特县及邻近地区，是世界上著名的中型早熟肉牛品种之一。海福特牛全

身被毛除头、颈、腹下、四肢下部、鬐甲和尾端六处呈白色外，其余为深浅不等的红色。海福特牛增重速度快，育肥性能好，产肉率高，饲料报酬高，肉柔软多汁，肉味鲜美，肉质细嫩，大理石状花纹较好。母牛性成熟早，犊牛初生重较小，难产率低。海福特牛性情温顺，体质结实，耐粗饲，适应性强。

⑤西门塔尔牛　原产于瑞士的阿尔卑斯山区，是世界上为数不多的兼具泌乳和产肉的著名大型兼用牛品种，有乳肉和肉乳兼用两个类型。西门塔尔牛具有典型的肉用牛体型，体型高大粗壮，全身肌肉丰满，臀部肌肉发达。乳房发育中等，4个乳区匀称。毛色为黄白花或红白花，有头、腹下、尾帚及四肢下部为白色的"六白"特征。高产的乳肉兼用西门塔尔牛产奶性能良好，一个泌乳期产奶量可达8 000千克以上。无论哪个类型的西门塔尔牛肌肉都很发达，生长速度快，胴体瘦肉多，脂肪少。西门塔尔牛具有良好的适应性，耐粗饲，易饲养。以其为父本育成的中国西门塔尔牛是我国目前存栏数量最多的群体。

⑥婆罗门牛　原产于美国，是世界上分布最广的瘤牛品种，在60多个国家和地区均有饲养，广泛应用于热带和亚热带地区肉牛的杂交繁育。婆罗门牛瘤峰突出，毛色很杂，以银灰色为主。婆罗门牛性情较敏感，易受惊，耐粗饲，易育肥。婆罗门牛最大的优点是耐热，不易受蜱、蚊和刺蝇的干扰，抗焦虫和体内外寄生虫病能力强。婆罗门牛出肉率高，胴体质量较好。婆罗门牛性成熟为中晚熟，生育期比其他欧美品种牛长近一半，母牛难产率较低，分娩后护仔性强，泌乳能力较好，犊牛生长发育快，成活率高。

⑦日本和牛　原产于日本，以生产具有显著大理石状花纹的雪花牛肉而著称世界。日本和牛毛色分为褐色和黑色两种，以黑色为主，乳房和腹壁有白斑。日本和牛体躯紧凑，腿细，前躯发育良好，后躯发育稍差。日本和牛易育肥，育肥好的牛肉大理石花纹明显，售价极高，在日本被视为"国宝"，其中以但马牛最为出名，一直被严格禁止出口活牛。

⑧皮埃蒙特牛 原产于意大利北部的皮埃蒙特地区，20 世纪 70 年代通过双肌基因选择向专门化肉用性能方面选育而成。皮埃蒙特牛为中型肉牛品种，但全身肌肉异常发达，呈典型的圆筒状肉牛体型，双肌发育异常明显。皮埃蒙特牛全身被毛公牛为灰白色，母牛为白色。皮埃蒙特牛早熟，早期生长速度特别快，饲料报酬好，屠宰率、胴体产肉率和瘦肉率高，肌肉脂肪含量少，眼肌面积大。母牛泌乳性能较好，犊牛初生重较大，难产率较高。皮埃蒙特牛性情温顺，适应性较强，易于饲养管理。以其为父本育成了我国南方第一个肉牛品种云岭牛。

（3）主要培育品种 新中国成立以来，我国先后培育出了一些自己的肉用和乳肉兼用牛品种，这些品种有利用国外大型肉牛品种与本地黄牛杂交选育培育成的专用化肉牛品种，如夏南牛、延黄牛、辽育白牛、云岭牛，有利用国外乳肉兼用牛和本地黄牛杂交选育培育成的乳肉兼用型中国西门塔尔牛、新疆褐牛和草原红牛，还有利用家养牦牛和野牦牛杂交选育培育成的大通牦牛等。不管通过何种方式培育成的品种都具有适应当地养殖环境，生长速度较快等优点。

2. 品种选择的方法 肉牛标准化示范场经常在养殖过程中为选择什么品种纠结，其实对于品种的选择没有什么固定的标准要求，只有一个总的原则，就是"适合的就是最好的"。肉牛标准化养殖场在实际生产中应该根据当地的环境特点、生产目的、饲料来源和育肥牛源的易购性等多种因素综合考虑确定要饲养的肉牛品种。

（1）我国北方地区 北方地区的肉牛标准化示范场肉牛养殖主要以舍饲育肥为主，放牧为辅。在舍饲养殖时，如果不特别考虑产奶和大理石状花纹牛肉生产的需要，推荐优先选择夏洛莱牛、利木赞牛、肉用西门塔尔牛等大型肉牛品种和其与本地黄牛的杂交后代，以及我国新培育的肉牛品种。在国内没有纯种可供选择的现实情况下，利用国外良种肉牛的冻精与本地良种黄牛配种，后代用于育肥是快速提高牛肉产量的最佳方法，这种模式的可行性在我国北方地区已经得到了长期的广泛推广应用。对于夏洛莱牛等犊牛初生重大、难产率高的牛，可以先用利木赞牛、海福特牛等与本地良种黄牛杂交，再用夏洛莱牛等作为终端父本与杂交后代进行三元杂交。

在牧区的肉牛标准化养殖场通常需要兼顾产奶和产肉两个方面，推荐选择西门塔尔、瑞士褐牛等大中型肉乳（乳肉）兼用牛品种与本地良种牛进行杂交，在新疆利用瑞士褐牛已经大大提高了当地牛的产奶量和产肉量，在内蒙古等地利用西门塔尔牛生产的杂交后代已经成为养殖的主体。放牧时还要考虑所选品种的放牧适应性，最好选择能较抗蜱、蚊、虫等叮咬的品种。

对于以生产大理石状花纹明显的高档牛肉为主的标准化养牛场，可优先考虑选择安格斯牛、日本和牛与本地良种黄牛的杂交后代，或直接利用具有较强脂肪沉积能力的本地良种黄牛进行育肥。

（2）我国南方地区 南方大部分地区草山草坡资源丰富，对于繁殖母牛应以繁殖能力强、耐粗饲的本地黄牛品种及其杂交后代为主，无论放牧还是舍饲具有良好效果。由于受自然条件所限，肉牛标准花示范场适于采用舍饲＋放牧的养殖方式，不适宜建设大规模的舍饲养殖场。在炎热地区推荐优先考虑选择婆罗门牛等耐热肉牛品种与本地黄牛的杂交后代，或者直接选择本地黄牛良种。在其他地区，由于南方地方黄牛的体型小，很多地区利用利木赞牛和安格斯牛等进行杂交，其后代产肉量和生长速度增加非常明显，可以优先选择用于进行育肥。南方很多地区具备放牧条件，但山坡一般比较陡，选择放牧育肥时应更多地考虑所选品种的放牧适应性，本地黄牛在这方面具有独特的优势，而很多引进的大体型牛反而不能适应，在这些地区采用放牧饲养不能盲目从其他地方选择购进大中体型的品种牛进行育肥。

（3）我国高海拔严寒地区 我国绝大部分高海拔严寒地区的生态都非常脆弱，气候条件相对恶劣，只能饲养牦牛。进行肉牛育肥时推荐优先选择家养牦牛与野生牦牛的杂交后代，其种质特性、抗逆性、体型、生长速度等都要强于家养牦牛。在很多海拔相对较低的地区，还可选择牦牛与黄牛或奶牛的杂交后代，其产肉量、生长速度和泌乳能力都显著高于家养牦牛。

　　无论在什么地区的肉牛标准化示范场都要切记：一个场内所养殖的品种不能过多过杂，否则很难实行标准化养殖。

（二）建立完善合理的杂交改良模式

　　以养殖繁殖母牛为主的肉牛标准化养殖场要针对各地不同的特点和育肥条件以及市场需求情况，依据已有的品种杂交组合试验结果，选择最适合自己的杂交组合，建立和完善杂交改良模式。从理论上讲，品种间的亲缘关系越远，后代的杂交优势越突出。在短期无法解决进口品种种源国产化的情况下，要积极从国外引进优良的种公牛或胚胎更新现有血统，以提高父系对生产性能改善的贡献。同时，要加强对本地黄牛的选育，不断提高种群纯度，以充分发挥进口品种和本地黄牛品种间的杂交优势。以育肥牛养殖为主的肉牛标准化养殖场要根据生产目的选择相对稳定的品种及其杂交后代，并通过与母牛养殖场（户）的有机结合，引导其开展有目的性的杂交。

（三）加快肉牛新品种的培育

　　我国特别是北方地区，经过多年的杂交已经出现了大量的杂交群体，这些杂交群体中出现了很多肉用体型特征明显的群体，在此基础上，经过多年的选育，培育出了一些肉牛新品种。但与国外肉牛品种相比，我国自主选育的肉牛品种群体数量还比较小，其生产性能上还存在一定的差距，遗传性能还不够稳定，品种特性不突出、竞争力不强，在国际上的知名度不高。下一步除加强已有品种的选育提高外，还应进一步借鉴国外肉牛育种的成功经验，以我国现有的本地黄牛品种为主，适当导入外血，培育具有我国特色、适应当地饲养需要、特有优良种质性状突出、适应性广的优秀肉牛新品种。

同时，多年来，我国引进了近30个外来品种，目前各品种的数量不等，但很多都形成了一定的群体。要在充分利用这一资源的基础上，加快国外纯种肉牛纯繁群体的培育，力争在我国形成国外良种肉牛的较大规模饲养群体。由于外来品种公、母牛的数量有限，应在全国范围内形成纯繁和选育网络，联合进行育种。从国外肉牛养殖发达国家的经验来看，引进品种的本地化是发展肉牛养殖的一个重要途径，对于我国这种肉牛生产大国更是一个必要途径。

（四）加强地方良种的本品种选育

我国数量众多的地方良种黄牛和牦牛都具有适应能力强、维持需要低、难产率低、大理石状花纹较好、牛肉风味浓厚的优点，特别是牦牛等很多品种是我国特有的品种，抗逆性强、用途多样。要逐步建立和完善本地黄牛和牦牛育种体系，在保持现有品种特性的基础上，以提高生长速度和个体产肉量为选育工作的核心，加快选育进程，从而为杂交改良和纯种养殖提供源源不断的高品质后备牛源，显著提高肉牛牦牛的养殖效益，并使优良性状得到保存和不断提高。

（五）综合采用各种技术提高繁殖率

对于繁殖母牛标准化养殖场来言，只有不断提高肉牛的繁殖性能，尽量缩短产犊间隔，做到一年一犊，有效提高犊牛成活率和断奶重，才能有效提高养殖的经济效益。影响肉牛繁殖性能的因素很多，要根据母牛的具体情况，采取综合性技术措施提高繁殖效率。

1. 培育健康的母牛　健康的母牛是提高肉牛繁殖性能的基础，只有通过合理的饲养管理，培育出健康的母牛，才能从根本上提高肉用母牛的繁殖性能。繁殖母牛要求保持中等偏上的膘情（7～8成膘）。营养不足会使青年母牛生长发育受阻，初情期和适宜配种年龄延迟，受胎率降低；会使成年母牛产弱小犊，犊牛出生后死亡率高。营养过剩则会造成母牛膘情过肥，使青年母牛初情期和适宜配种年龄延迟，成年母牛发情紊乱，性功能减弱，卵泡、胚胎发育受阻，以及难产率大幅增加。肉牛标准化养殖场应根据所养殖的牛品种、年龄和类型确定适宜的饲料配方，做到按需供给，并根据母牛的膘情随时调整饲喂量。在饲养过程中还应加强对后备母牛的选育，选择那些抗病力好、繁殖性能高的母牛后代进行留种。

2. 准确进行发情鉴定　肉牛理想的产犊间隔应能做到一年一犊，超过这个时间就会增加母牛的饲养成本。为了降低种公牛的饲养成本，充分发挥优秀种公牛的遗传性能，肉牛人工授精技术得到了广泛推广和应用。采用人工授精方式进行配种的母牛，如何通过准确的发情鉴定，掌握肉用母牛的发情和排卵特点，做到适时输精，是提高繁殖性能的关键。由于肉用母牛的发情周期短，有的牛发情不明显，而肉牛标准化养殖场饲养的母牛数量较多，单凭人工观察很容易造成疏漏，因此要根据以往配种记录，在发情期快到时仔细观察，最好能做到外部观察和直肠触摸卵泡相结合，以卵泡发育程度为主要配种依据。现在在奶牛上已经广泛应用计步器作为发情鉴定的辅助依据，但由于前期投入大，目前在肉牛上还很少应用。采用本交配种时由于种公牛和母牛在一起饲养，可以随时配种，对于发情鉴定不需要过多考虑。现在在奶牛上很多养殖场采用同期发情人工授精＋本交的方式进行配种，可以省去发情鉴定的烦琐程序，大幅提高受胎率，饲养繁殖母牛的肉牛标准化示范场完全可以借鉴这种模式。

3. 确保精液质量　肉牛繁殖配种最常用的方法为本交和人工授精，对于价值较高的种牛也可采用胚胎移植的方法。优质的精液是保障母牛高受胎率的前提，对母牛采用本交配种虽然方便，但由于多数肉牛标准化养殖场难以对种公牛进行系统选育，精液质量有时难以保证。此外，单纯饲养种公牛的成本高、利用率低，还易传染生殖道疾病。因此，肉牛标准化养殖场最好利用冷冻精液人工授精的方法进行配种。冷冻精液应该是来自经过农业权威部门鉴定合格以上的种公牛。冷冻精液在38℃～40℃温度下快速解冻后应立即进行镜检，镜检合格后尽快进行输精。

最近几年，随着肉牛存栏数量的急剧下降，加上人工授精比较效益的下降，很多地方已经难以找到从事人工授精的专业技术人员，在放牧条件下进行人工授精难度大、成本高，选择本交配种是解决上述问题的有效方法。肉牛标准化养殖场在选择本交所用的种公牛时应把握以下几个原则：一是只能选择生产性能高、品种特征明显的优秀纯种种公牛，二是需要根据生产目的选择种公牛的品种，三是种公牛最好经过专家鉴定，四是种公牛本身不能有疾病，特别是不能有繁殖疾病，五是精液质量要好，六是种公牛要定期轮换，防止近交。本交时在配种季节将种公牛和母牛按照 1∶30 左右的比例混群饲养即可，经过 2～3 个情期后将公牛移走。

4. 适时输精 精子在进入母牛生殖道内时并不具有受精能力，必须在生殖道内经过 2～20 小时的获能过程，并适时到达受精部位（输卵管上 1/3 处）才能与卵子结合。确保使精子适时到达受精部位是提高受胎率的重要条件，这就需要准确把握输精的时间。适时输精的准确时间需要根据发情鉴定的结果来确定的，直肠检查时卵泡的变化是确定适时输精时间的主要依据。生产实践表明，在卵泡成熟后接近排卵时进行输精，母牛的受胎率最高。

目前，最常用的输精方法是直肠把握输精法，又称子宫颈把握输精法。输精前需将母牛保定在配种（保定）架内，外阴部用清洁温水冲洗、消毒、擦干。输精员将左手指甲剪短磨光，手臂用 70% 酒精消毒，待酒精挥发后，涂上一层润滑剂（凡士林、液状石蜡等），五指并拢成锥形，缓慢旋转插入直肠，排出粪便。用温肥皂水将阴门附近的粪便、污物冲洗干净，然后用温水冲洗，用卫生纸擦干。左手伸入直肠，隔着直肠壁握住子宫颈管，手臂稍微下压，使阴门开张。右手持输精管（枪），由阴门缓慢插入，开始先稍向上斜插，避开尿道口，然后再向下平插至子宫颈口，将输精管（枪）前端深入子宫颈口内 3～4 厘米（2～3 个皱襞），将输精管（枪）稍微后拉即可输精，输精后缓慢拔出输精管（枪）即完成整个操作。输精时要注意两点：①输精管（枪）在使用前要经过清洗消毒，使用时再用稀释液冲洗 2～3 次；②用细管冻精输精时，解冻后将不带棉塞的一头用专用剪刀剪开，把有棉塞一端装在输精枪推杆上，套上外保护套即可输精。

5. 及时治疗母牛繁殖疾病 不发情和乏情是肉用母牛最常见的繁殖疾病，直接影响母牛繁殖率的高低。肉用母牛不发情和乏情的原因很多，主要有永久黄体和卵巢静止两种，可根据不同的情况分别采用手术治疗、激素诱导发情和中药药物治疗等方法进行治疗。不孕症也是母牛繁殖的常见病和多发病，是造成母牛空怀的主要原因，不孕原因可以分为先天性不孕和获得性不孕两大类，对先天性不孕要做到及早发现及时淘汰，对于获得性不孕应采取对症治疗措施，并注意总结原因，以便今后避免出现类似情况。

6. 做好保胎和复配 母牛配种后 20～30 天即可进行早期妊娠检查，早期妊娠检查最准确的方法是直肠检查法，如果发现排卵侧卵巢体积增大，质地较硬，黄体明显凸出于卵巢表面，子宫角增粗，质地变软，触摸有波动感，无收缩反应，可判定为妊娠。对确定妊娠的母牛要进行精心的饲养管理，切实做好保胎工作，以防流产和胚胎早期死亡，对习惯性流产的母牛应尽量淘汰，如果不淘汰可喂服药物保胎。对出现卵泡发育和发情现象的牛应仔细进行检查，确定未妊娠的要及时复配，以避免漏配造成空怀；卵泡停止发育并出现黄体的牛，如出现发情，应再次进行妊娠检查，以确定是否是假发情，防止对已妊娠的牛再次配种，造成流产。

7. 推广应用繁殖新技术 近年来，国内外肉牛科研人员在肉牛繁殖上研制出许多新技术，如同期发情、胚胎移植、胚胎分割和体外受精等，这些技术在肉牛繁殖中推广应用可大大提高母牛的繁殖效率。但与传统的本交和人工授精技术相比，这些技术使用的成本高，一般仅用于高价值肉牛如种公牛的快速扩繁等，对于普通肉牛的繁殖很少使用。

第四章
肉牛标准化养殖的营养与饲料供给

一、标准化养殖对营养和饲料的要求

　　肉牛的营养是指为了维持肉牛正常的生命活动、繁殖、生长、增重和产奶等所需要的各种营养物质，所需各种营养物质的数量就是营养需要量。根据营养物质的目的不同可以将营养需要分为维持生命的营养需要和生产的营养需要。通常肉牛标准化养殖场的营养供给和肉牛的营养需要越趋于一致，所能获得经济效益越高。因此，肉牛标准化养殖场应该根据不同生产目的和不同生产水平确定不同营养物质的最优供给量，以满足肉牛的特定营养需求，获取最大的经济效益。饲料是为肉牛提供各种营养物质的物质基础，其好坏与供给量不仅直接影响到生产成本和经济效益，还会影响牛肉的品质和安全。

　　在肉牛标准化示范场验收评分标准中，与营养和饲料有关的直接条款只有第三部分中的（一）中提出了直接要求，分值为3分，但这并不表明营养与饲料在标准化养殖中不重要，因为在整个验收标准中间接与其有关的分值高达33分，占到了总分值的1/3。如育肥场育肥期平均日增重不低于1.2千克，如果没有良好的营养很难达到这个要求；对饲槽、水槽、饲喂机械等也有明确的要求，都与营养饲料有关。因此，肉牛标准化养殖场要高度重视营养的供给和饲料的合理配制。

（一）肉牛标准化养殖对营养的要求

1. 充足的清洁饮水 水是肉牛体成分的主要组成成分，肉牛体内的水分含量达到 70% 左右。水是肉牛几乎所有生化代谢活动所需要的，没有水各种生理活动就无法正常进行。水是肉牛体内重要的溶剂，营养代谢的各种产物都主要以水溶状态进行运输。水还能调节肉牛体内的渗透压和体温。夏天温度高时牛的饮水量会大幅增加。水含有多种矿物质和无机盐，能补充肉牛的营养需要。但不清洁的饮水也会含有各种有毒有害物质，对肉牛的健康和生产性能有不利影响。肉牛对水质的质量要求较高，一般不会饮用不洁净的脏水，在没有清洁饮水供应时被迫饮水会明显减少饮水量。肉牛标准化养殖场需水量也大，必须保证充足的清洁饮水供应。

2. 适宜的能量和组成 对于肉牛而言，除了水以外第一重要的营养物质就是能量。能量是肉牛维持生命活动、生长、繁殖等所必需的，其主要来自饲料中的碳水化合物，其次是脂肪和蛋白质。多余的能量在肉牛体内主要以脂肪的形式贮存，其次是以糖原的形式。当体内能量不足时，首先动用糖原，其次是脂肪，当上述还不能满足需求时，还能动用体内蛋白质降解来提供能量。

肉牛对于能量的要求不能只考虑机体的直接需要量，还要考虑到其特殊的瘤胃需求。肉牛瘤胃内含有大量的细菌、原虫等微生物，这些微生物需要氨态氮和能量来生存和增殖，同时合成微生物蛋白。如果日粮在瘤胃内释放的能量不足或速度太慢，就会导致日粮氮的利用下降和粪氮排出增加。如果日粮能量释放速度过快和过多，则会导致日粮能量的利用效率下降，严重了还会导致瘤胃酸中毒。只有日粮中的能量在瘤胃中降解的速度和数量与氨态氮的产生速度和数量相匹配时，微生物蛋白质的合成速度和合成量才能达到最大，能量和氮的利用效率才能达到最高。由于饲料在瘤胃内释能的速度和数量与饲料中可发酵有机物的含量密切相关，在配制饲料时必须要平衡好可发酵有机物与瘤胃可利用氮的比例。

成年繁殖母牛能量需要量较低，为了降低成本应考虑主要利用作物秸秆等廉价粗饲料提供能量。而对于处于快速生长阶段的犊牛、青年牛，妊娠后期和哺乳阶段的母牛，以及育肥牛则需要多利用玉米、小麦等谷物饲料提供能量。由于谷物饲料在瘤胃内会被降解成挥发性脂肪吸收利用，但利用效率显著低于在小肠内以葡萄糖的形式吸收利用。因此，在保证满足瘤胃微生物蛋白合成所需能量的同时，应尽量采取各种措施使谷物在小肠内被消化吸收，如使用过瘤胃脂肪粉、谷物加工处理等。

3. 充足的蛋白质水平和质量　蛋白质是肉牛维持正常生命活动，建造和修补机体组织、器官的重要营养物质，是形成肉牛产品的主要物质，如牛肉、牛奶的主要成分都是蛋白质。日粮蛋白质的含量和质量直接影响肉牛的健康和生产性能，而日粮中蛋白质属于价格较高的饲料原料，过量会造成浪费和环境污染，因此必须为肉牛提供适宜的蛋白质水平和质量保障。

（1）**日粮蛋白质水平**　日粮蛋白质水平是决定肉牛生产性能的主要因素。如果日粮中蛋白质水平过低，肉牛的生长就会受到抑制，导致犊牛增重缓慢或停止，成年牛体重下降。蛋白质不足还会影响肉牛的繁殖性能，使母牛发情不明显、不排卵，受胎率降低，胎儿发育不良，使公牛精液品质下降；相反，如果日粮蛋白质水平过高，不仅造成蛋白质浪费，还会加重肉牛肝脏和肾脏的负担，影响繁殖性能。肉牛在不同生理时期、生长阶段以及不同生产目的对日粮蛋白质水平的需求差别很大，生产实践中需按肉牛不同的需求来确定适宜的日粮蛋白质水平。

（2）**蛋白质质量**　除了日粮蛋白质水平外，日粮蛋白质的质量也是影响肉牛健康和生产性能等的重要因素。在同等蛋白水平时，蛋白质的质量不同会导致肉牛的生产性能产生很大差异。蛋白质质量包括两个方面：一是非蛋白氮和蛋白氮的比例，二是蛋白氮的氨基酸组成。肉牛瘤胃中存在的很多微生物需要利用非蛋白氮合成微生物蛋白。非蛋白氮既可由日粮非蛋白氮直接提供，也可由饲料中的蛋白质在瘤胃内降解产生。如果由蛋白质降解产生，会导致蛋白质的利用效率下降，加上从含氮水平来言蛋白质的价格远高于非蛋白氮，会造成资源浪费，因此必须保证日粮中含有一定比例的非蛋白氮。非蛋白氮在饲料总氮中的比例也不能过高，过高不仅会降低日粮总氮的利用效率，还容易导致肉牛发生氨中毒。日粮蛋白质的氨基酸组成对其利用率效率有很大的影响，理论上日粮的氨基酸组成与肉牛的氨基酸需要越接近，则蛋白质质量越高，利用效率也越高。能够完全符合肉牛氨基酸需要比例的蛋白质称为理想蛋白。在饲料配制过程中，通过饲料的合理搭配使日粮氨基酸无限接近理想蛋白是肉牛营养研究的终极追求。

4. 适宜的脂肪水平和组成　脂肪对于肉牛具有非常重要的作用，它是组成肉牛体成分的三大营养物质中最高效的供能物质，是体内能量储存的主要形式。脂肪也是肉牛体组织的主要组成成分，是决定牛肉品质和等级的最主要指标之一。脂肪还是肉牛肠道吸收脂肪性维生素等营养成分不可或缺的溶剂。因此，必须保障日粮中一定比例的脂肪含量。但是日粮中脂肪的比例也不能过高，特别是在瘤胃中能够降解的脂肪，其含量过高会影响瘤胃微生物的增殖和其他养分的消化吸收效率。日粮中所含脂肪的质量和组成直接影响肉牛对脂肪的利用效率和体内脂肪的组成。肉牛由于其特殊的生理特点能够合成只有反刍动物才能够合成的多不饱和脂肪酸，但日粮中含有的不饱和脂肪，如果不经过处理大多数会在瘤胃中经过微生物的加氢作用变成饱和脂肪酸，从而不能起到直接作为肉牛多不饱和脂肪酸合成原料的作用，进而会影响多不饱和脂肪酸合成的效率。因此，必须保证日粮中适宜的脂肪组成和比例。

5. 适宜的矿物质组成和含量　矿物质是肉牛生长、繁殖、育肥、健康等各种生命活动不可缺少的营养元素，科学合理的搭配不仅能满足肉牛生理上的需要，同时还可显著提高其生产性能。由于各地饮水、土壤和饲料原料中的矿物质含量千差万别，在补充矿物质时必须考虑这种区域差异，不能盲目照搬饲养标准。否则，就有可能导致有些矿物质供应不足，而有些矿物质超标，甚至引起中毒。此外，不同的饲养管理方式会导致肉牛矿物质的获取量差别很大。以放牧为主的肉牛矿物质摄取量受放牧时间和当地土壤、牧草料中矿物质含量的影响更大。如果当地某种矿物质元素缺乏或过量，会导致动物本身缺乏或过量相应的矿物质。而舍饲肉牛矿物质是否缺乏或过量主要受饲料原料中矿物质含量的影响。因此，在配制饲料时首先要测定饲料原料和饮用水中的矿物质含量情况，然后再根据肉牛的营养需要进行合理的补充。此外，在保障各种矿物质满足肉牛生产需要的前提下，要尽快控制矿物质的添加，以降低饲料成本，提高利用效率，减轻对环境的污染。

6. 适宜的维生素组成和含量 维生素是维持肉牛正常机体代谢所必需的一类特殊营养物质，对于维持肉牛的生长发育、繁殖和健康等都非常重要。与猪禽等动物不同，肉牛可以通过采食饲料获得各种所需的维生素或合成维生素的原料，特别是在放牧条件下。但在舍饲条件下，肉牛可能出现维生素缺乏，特别是在犊牛期和妊娠哺乳期。肉牛在不同的生长和生理阶段对各种维生素的需求不同，各种饲料原料中的不同维生素的含量差异也很大，因此要根据肉牛不同时期的营养需要和饲料原料中的维生素含量合理确定添加维生素的种类和数量。

（二）肉牛标准化养殖对饲料的要求

1. 保证饲料原料的安全 饲料原料中的有毒有害物质会随着养分的吸收进入肉牛体内，这不仅影响肉牛自身的健康，还有可能在牛肉中沉积，进而危害人的健康。人们对食品安全越来越重视，因此，必须从饲料原料安全入手，确保饲料原料不受种植地水土或周围环境污染的影响，不含有农药残留或重金属等有毒有害物质。在饲料原料和饲草种植过程中严格避免使用各种法律、法规禁止使用的农药等。收获过程中要注意防止重金属等的污染，确保饲料卫生和安全。饲料原料质量必须符合《饲料卫生标准》（GB 13078）。

2. 严格按照规范进行日粮配制　日粮配制既要保证饲料原料种类的相对稳定，又要尽量做到饲料原料种类的多样化。要注意原料和配合饲料的保质期，超出保质期后禁止使用。禁止在饲料中添加未经法律法规允许使用的各种激素类制剂和药物。允许在饲料中添加使用的药物要科学合理使用，严禁超量和超范围使用，并严格执行停药期。要根据生产目的合理选择饲料原料，饲料中的类胡萝卜素等会在脂肪中沉积，从而影响体脂肪的颜色，青绿饲料通常含有较多的类胡萝卜素，因此在高档牛肉生产的后期在日粮中要控制含类胡萝卜素较多的饲料原料的使用。

3. 保持适宜的日粮精粗饲料比例　日粮精粗比是指日粮中精料补充料和粗饲料的比例。肉牛瘤胃内有大量的各种微生物，这些微生物依赖降解饲料中含有的纤维素、半纤维素等维持增殖和正常的肉牛反刍活动。而纤维素和半纤维素等主要存在于牧草和作物秸秆等青粗饲料中。如果缺乏青粗饲料就会影响肉牛瘤胃正常的微生物区系，导致瘤胃功能紊乱和正常生理功能失调，进而影响肉牛的生产性能和个体健康，严重的会直接导致肉牛死亡。

传统的肉牛养殖一直以牧草和作物秸秆为主，不喂或饲喂很少量的谷物、豆类或饼粕等。但在追求高生产性能的现代养殖方式下，这种饲养模式就很难满足肉牛高速生长和泌乳等对营养物质的需要，特别是在粗饲料品质较差的情况还会造成营养缺乏，这时就需要补充精料补充料。精料补充料养分浓度高，能为肉牛提供更多的营养物质，特别是在强度育肥的情况下增加日粮中精料补充料的比例可以显著提高肉牛的生产性能。然而精料补充料的喂量不是越大越好，盲目提高可能会造成肉牛青粗饲料采食不足，反而会对肉牛的健康造成不利影响，导致生产性能下降，引起各种营养代谢疾病，严重的还会造成肉牛的死亡。因此，在肉牛的标准化养殖中根据肉牛的不同生理阶段、生产目的和饲料原料的种类，确定适宜的日粮精粗饲比显得至关重要。最优的精粗比能保证以最低的饲料消耗获得最佳的经济效益，不合适的精粗比则会导致饲料成本大幅增加，肉牛生产性能难以正常发挥。

二、营养和饲料供给的现状与存在的问题

（一）肉牛营养现状和存在问题

1. 肉牛营养观念淡薄　在肉牛饲养过程中普遍存在营养观念淡薄的现象。肉牛标准化养殖场不是根据肉牛的生产目的和营养需要制定饲料配方，而是根据方便买到的饲料原料，日粮配方随意性强。肉牛饲料生产企业的营养标准混乱，各养牛场甚至专业饲料生产厂家都没有专业的技术人员指导饲料的配制。分段育肥技术、全混合日粮饲喂技术仅在少数肉牛养殖场得到使用，但日粮配比也多是依靠经验。肉牛标准化养殖场缺乏技术人员，现有人员普遍缺乏经验和专业技能。在发展肉牛产业认识上存在误区，或是过度强调节粮，忽视了肉牛的品质差异；或是过分强调高精料育肥，导致肉牛出现各种疾病。对饲料的营养价值普遍缺乏重视，单纯以肉牛增长速度或饲料价格作为衡量饲料好坏的标准。众多养牛场甚至专业技术人员都不知道除奶和奶制品外所有的动物饲料原料不能用于饲喂肉牛。

2. 营养不足和过剩同时并存　由于缺乏对肉牛营养需要的认识和肉牛营养研究的滞后，导致在肉牛养殖过程中能量蛋白比例不平衡成为常态。多余的能量会导致肉牛产生更多的甲烷，而甲烷是引起温室效应的主要气体之一。多余的蛋白则会降低日粮中氮的利用率，使尿氮和粪氮排泄量增加，加大环境保护压力。

一些肉牛养殖场不计成本追求高增长速度，没有任何依据的大量使用精料补充料，导致饲料消化吸收利用效率大幅下降，生产成本显著提高，严重时还会导致肉牛出现瘤胃酸中毒等健康状况。饲喂的大量精料补充料不能完全被吸收利用，从粪尿中排出的氮磷等

数量会大幅增加，给环境造成了沉重的压力。大多数饲料原料中都含有比较丰富的磷，因此在肉牛日粮中一般不存在磷缺乏的问题，但有些饲料企业却在饲料中盲目添加高磷，导致日粮磷严重过剩、钙磷比例失调，而磷排放是造成水体富氧化的主要物质。在营养过剩的同时，很多肉牛需要的必需养分却得不到满足，很多养牛场甚至不知道使用饲料添加剂的重要性，导致饲料中氨基酸比例不平衡，有些重要的氨基酸供给不足，维生素和矿物质缺乏，结果饲料利用率低，肉牛生长缓慢。

（二）肉牛饲料供给现状和存在问题

1. 精料补充料标准化程度低　目前绝大多数肉牛养殖场都是自己配制精料补充料，而他们配制的依据基本上都是依靠自身养牛的经验和能够获得的原料，很少有专业人员的参与。全场一料、一料到底是普遍现象。多数肉牛标准化养殖场都采取精粗分开饲喂，采用混合饲喂的也多数是靠人工进行混匀，混匀的程度只能靠目测，随意性很大。市场上销售的商品肉牛料主要为育肥牛精料补充料，而针对不同生产目的生产的专门化精料补充料和预混合饲料缺乏，如小牛肉、高档牛肉生产等所需的专用饲料。肉牛饲料专业生产企业少，用猪禽等饲料代替肉牛饲料喂牛的现象在很多地方都存在。肉牛精料补充料的原料相对单一，主要依赖玉米和饼粕，对小麦、大麦、稻谷、高粱等原料的开发利用不足。精料补充料原料质量不稳定，不同批次间养分含量差异较大。

2. 粗饲料和糟渣质量低劣　我国肉牛舍饲养殖所用的粗饲料资源基本上是作物秸秆，肉牛标准化养殖场开始逐渐使用玉米青贮，但基本上是去穗后的玉米黄贮，全株玉米青贮极少。青贮苜蓿、黑麦草、燕麦草等优质饲草更是极为缺乏。玉米芯、糟渣、果渣等副产物开始得到广泛利用，但真正实现规模化生产的少，导致不同批次的产品质量和养分含量差异巨大，而很少有肉牛场进行饲料营养价值的测定。随着肉牛养殖在南方地区的蓬勃发展，甘蔗秆（渣）、香蕉叶（茎、秆）、木薯渣等副产物也得到了研发利用，但由于其干物质含量低，加上南方多山区，大量收获和运输的成本高，生产供应的难度较大。

3. 预混料和饲料添加剂使用混乱 饲料企业和养殖场普遍缺乏专业的配方师，所制定的预混料和饲料添加剂配方很多是借鉴猪禽的经验，缺乏针对肉牛的科学性，所用原料和载体不符合要求。对添加剂的作用缺乏科学的认识，有的认为添加剂可有可无，有的则片面夸大添加剂的作用，滥用饲料添加剂。有些养牛场不按照规定违法使用促生长剂和禁止在饲料中添加的药物，有的养牛场甚至将猪禽的添加剂和预混料给肉牛使用。大多数自己配料的肉牛标准化养殖场普遍存在添加剂搅拌不均匀等问题。很多标准化肉牛养殖场甚至分不清楚矿物质和维生素的区别，营养配方师极度缺乏，矿物质和维生素使用不合理。

三、实现标准化的措施和方法

肉牛营养和饲料的标准化是肉牛标准化养殖场能否真正做到标准化的关键和基础所在，也是肉牛养殖过程中影响养殖效益的最重要关键环节。因此，肉牛标准化养殖场必须采取各种措施和方法实现营养和饲料供给的标准化。

（一）科学确定最佳精粗比例

肉牛在天然放牧的情况下可以单纯依靠牧草满足各种正常的生理需要，在牧草质量优良的情况还能获得较高的日增重。但对于我国优质牧草极度缺乏的现状，肉牛养殖能够放牧饲养的数量极为有限，只能主要依靠舍饲养殖，利用作物秸秆、农副产品和精料补充料等。如果完全依靠优质牧草用量大、价格高，从经济角度考虑非常不合算。

日粮中粗饲料的作用很多，其所含有的纤维素是肉牛营养物质的重要来源，作为瘤胃的主要填充物可使肉牛产生饱感，可刺激肉牛瘤胃正常生长发育并维持正常生理功能。精料补充料主要由谷物等能量饲料和饼粕类蛋白饲料组成，同时含有肉牛必需的矿物质和维生素等，具有养分含量高、能最大限度地发挥肉牛生产潜力的优点。由于肉牛"没有精料补充料可以，没有粗饲料万万不行"的特殊生理特点，要想取得好的经济效益就必须使肉牛能够获得理想的日粮精粗比。衡量粗饲料含量的科学方法是以中性洗涤纤维或酸性洗涤纤维来衡量日粮中纤维素的含量，在配制日粮时要求中性洗涤纤维的含量最低不能低于干物质总量的15%。在日常生产中为了便于操作一般直接用精粗比来衡量。

最佳的精粗比例要根据不同的生产目的确定，生产小白牛肉要完全以代乳料和牛奶为主，不使用普通的精粗饲料；生产小牛肉精料补充料的比例要占到60%～70%；生产富含脂肪的高档牛肉前期要求精料补充料占到45%～55%，后期则要求精料补充料占到75%～85%。而架子牛育肥前期粗饲料比例控制在50%～65%，后期粗饲料比例控制在50%～60%。对于繁殖母牛，除了配种和妊娠后期外，只要粗饲料质量不太差，一般不需要饲喂精料补充料，如果饲喂应控制在10%以下，在配种和妊娠后期，精料补充料的比例控制在20%～30%，这样可大幅降低饲养成本。

（二）科学确定日粮适宜的蛋白质含量

日粮中蛋白质含量需要根据肉牛的生长阶段、生产目的和日粮饲喂量综合考虑确定。

1. 犊牛　犊牛的相对生长速度快，对蛋白质需要量较大，而采食量较低，因此，日粮中粗蛋白质的含量要保持较高的水平，一般精料补充料蛋白质含量应维持在20%以上，全混合日粮应控制在16%以上。同时，犊牛由于瘤胃发育不很完善，利用瘤胃微生物合成蛋白质的能力较弱，因此体内一些必需氨基酸可能缺乏，需要日粮蛋白质具有较高的质量和平衡的氨基酸比例。搭配饲喂几种蛋白质饲料可以起到氨基酸互补的作用，如豆饼（粕）中含赖氨酸和色氨酸较多，蛋氨酸相对缺乏，而棉籽饼中含蛋氨酸较多，赖氨酸相对缺乏，因此把二者搭配起来，氨基酸就可以起到互相补充的效果。如再搭配饲喂麸皮、苜蓿草粉等饲料，效果会更好。

2. 育成牛 随着年龄的增长，肉牛对日粮中蛋白质的总需要量增加，但对蛋白质含量的要求却随着年龄的增加而降低。通常育成牛日粮中精料补充料的蛋白质含量要求在 16%～18%，随着肉牛体重和月龄的增加逐渐降低。育成牛由于瘤胃已经发育完全，在正常情况下能够利用瘤胃微生物合成体内需要的各种氨基酸，因此一般不会存在必需氨基酸缺乏的问题，所以对日粮蛋白质的质量要求也低于犊牛。但对于高速生长的育成牛可能存在蛋氨酸和赖氨酸合成量不足，应通过日粮蛋白质原料的搭配或补充必需氨基酸的方式予以解决。

3. 繁殖母牛 牛是单胎动物，母牛的繁殖性能主要受营养供给的影响，且这种影响不仅会影响母牛的繁殖性能，还会对后期乃至犊牛出生后的生产性能都产生显著影响。除头胎母牛外，成年母牛妊娠前 6 个月由于胎儿生长发育较慢，对营养需求较少，如果补喂精料补充料蛋白质含量可以和空怀母牛一样维持在 12% 左右，但对蛋白质质量的要求要高于空怀母牛。如果不补饲精料补充料，只要青粗饲料的日粮粗蛋白质含量维持在 8% 以上；母牛妊娠后期胎儿生长速度会迅速增加，对蛋白质的需求逐渐增大，应逐步加大日粮蛋白质的含量，通常精料补充料的蛋白质含量应占到 14%～16%，如果不补饲精料补充料，青粗饲料的蛋白质含量应维持在 10%～12%。对于头胎妊娠牛由于还要考虑生长的需要，精料补充料的蛋白质应不低于 16%，而单纯饲喂粗饲料时蛋白质含量应高于 10%。在不饲精料补充料的情况下，青粗饲料的喂量应大幅增加。

4. 育肥牛 育肥牛对蛋白质的需求量不高，从 12 月龄开始，维持日增重 1 千克所需的蛋白质含量仅需占到整个日粮的 12% 左右。如果是精料补充料，则蛋白质含量应占到 14%～16%。有研究表明，适当提高育肥牛日粮的蛋白质含量可提高肉牛的增重和养殖的经济效益。因此，在实际生产中如果成本允许可以适当提高日粮中的蛋白质含量。

（三）科学保证日粮适宜的脂肪比例

脂肪是最廉价的能量来源，通过添加脂肪特别是过瘤胃脂肪可有效提高日粮的利用效率，降低养殖成本。犊牛需要的能量水平较高，一般日粮脂肪含量可控制在 6%～8%。如果使用代乳粉则应达到 20% 左右。犊牛由于瘤胃发育不完全，有些种类的脂肪酸不能由自身或瘤胃微生物合成来提供，必须由饲料来提供，因此应保证日粮脂肪中含有一定数量的必需脂肪酸。

成年牛由于瘤胃微生物能合成所有的必需脂肪酸，所以不必再由饲料提供。在正常情况下，饲料原料中所含有的脂肪可以满足肉牛的需要，一般无须额外补充脂肪。但在育肥牛日粮中添加一定比例的过瘤胃脂肪可改善育肥效果，且要注意控制添加比例，添加量过多会抑制瘤胃微生物的活动；同时，添加时严禁选用动物类油脂。日粮中的脂肪酸组成会影响肉牛肌肉和脂肪组织中的脂肪成分，在实际上中可根据生产目的通过合理调节日粮中的脂肪组成来生产富含共轭亚油酸等多不饱和脂肪酸的高品质牛肉。高档肉牛育肥后期采食量会大幅下降，要维持脂肪的沉积必须外源添加脂肪，并最好使用人工处理的过瘤胃脂肪和含过瘤胃脂肪多的饲料原料。

（四）根据生产需要选择适宜的饲料原料

肉牛由于具有瘤胃，能够利用很多猪禽等不能利用的饲料原料，因此饲料原料的来源非常广泛。几乎所有的牧草、作物秸秆、果蔬和粮油加工副产物、青绿饲料、猪禽能够利用的饲料原料，肉牛都能够采食。但出于防范疯牛病发生和便于管理的需要，我国饲料和饲料添加剂管理条例严格规定除奶和奶制品外，禁止在肉牛饲料中使用动物性饲料原料，包括鱼粉、贝壳粉等。

1. 主要饲草料原料的种类　肉牛的常用饲草料粗略划分通常分为精饲料原料、青粗饲料原料和额外添加物3大类，详细划分通常分为青绿饲料、青贮饲料、粗饲料、能量饲料、蛋白质饲料、矿物质饲料、维生素饲料和其他饲料添加剂等。精饲料原料主要包括能量饲料和蛋白质饲料。青粗饲料包括青绿饲料、青贮饲料和粗饲料，主要指各种牧草、秸秆、野草、藤蔓及用其制作的青贮、干草等，酒糟、粉渣、豆腐渣、玉米淀粉渣等糟渣类饲料也属于粗饲料的范畴，但也有人将其单独划分为一类。额外添加物则包括矿物质饲料、维生素饲料和其他饲料添加剂。

（1）青绿饲料　指天然水分含量60%及其以上的青绿多汁植物性饲料。常见的青绿饲料有天然牧草（野青草），主要有禾本科、豆科、菊科和莎草科四大类；栽培牧草，主要有苜蓿、三叶草、草木樨、紫云英、黑麦草和苏丹草等；树叶类饲料，主要包括槐、榆、杨树等的树叶；叶菜类饲料，主要有苦荬菜、聚合草、甘蓝、鲁梅克斯等；水生饲料，主要有水浮莲、水葫芦、水花生和绿萍等。青绿饲料水分含量高，一般达70%～90%；粗蛋白质含量相对较丰富，其中非蛋白氮大部分是游离的氨基酸和酰胺，对肉牛有良好的营养作用；无氮浸出物含量高，粗纤维含量低；含有丰富的维生素，特别是胡萝卜素的含量可达50～80毫克/千克。青绿饲料还是肉牛矿物质的良好来源，钙和磷含量最为丰富，且比例适当，铁、锰、锌、铜和硒等微量元素的含量也较为丰富。

（2）粗饲料　干物质中粗纤维含量在18%以上的饲料原料均属粗饲料。包括青干草、各种作物秸秆及其秕壳等。

①干草　新鲜牧草在尚未结籽以前刈割，经过日晒或人工干燥制备成的干草。能够制成干草的牧草种类很多，最常用的有苜蓿、羊草、燕麦草及各种可刈割的天然牧草等。干草可以较好地保留新鲜牧草的养分，适口性好，蛋白质含量高，胡萝卜素、维生素D、维生素E及矿物质含量丰富。粗纤维虽然含量较高（约为20%～30%），但以容易消化吸收的纤维素和半纤维素为主，木质

素含量很低，营养价值很高。

②作物秸秆　农作物收获子实后的茎秆和叶片等统称为作物秸秆。大多数作物秸秆的营养价值较低，但也有一些作物秸秆如花生秧、红薯秧、谷草等的营养价值较高。作物秸秆粗纤维含量一般高达 30%～45%，木质素含量高；可发酵氮源和蛋白质含量低；无氮浸出物含量低；缺乏一些必需的微量元素，并且利用率很低；除维生素 D 含量较丰富外，其他维生素都很缺乏。由于作物秸秆的营养价值较低，单独饲喂无法满足肉牛快速生长对能量和蛋白质等的需要，但对于母牛和吊架子的育肥牛则可尽量利用作物秸秆，以便降低饲养成本。我国大多数地方黄牛品种都具有耐粗饲的特性，可以主要依靠作物秸秆维持营养需要。我国每年有 6 亿多吨作物秸秆资源，如果采取适当的贮存措施并结合一定的加工处理，用于饲喂肉牛不仅可以节约大量的粮食，还可降低饲料成本，提高养殖的经济效益。但由于作物秸秆的营养价值较低，体积大，不适于长途运输，应尽量就地取材。

禾本科秸秆：主要有玉米秸、麦秸、稻草和谷草等。玉米秸秆的粗蛋白质含量 6% 左右，粗纤维 25% 左右。同一株玉米秸的营养价值上部比下部高，叶片和玉米穗苞叶较茎秆高，玉米芯很低。麦秸又包括小麦、大麦、燕麦、荞麦等的秸秆，以小麦秸秆为主。麦秸粗纤维含量很高，可达 40% 左右，粗蛋白含量 3% 左右。小麦和大麦秸能量含量和消化率较低，适口性较差，是质量较差的粗饲料，但燕麦秸等的营养价值较高，与谷草相似。稻草是我国南方地区肉牛最主要的粗饲料来源，粗蛋白质含量 3% 左右，粗纤维 25% 左右。稻草能值低于玉米秸、谷草，但优于小麦秸，灰分含量高，钙、磷含量低。谷草是禾本科秸秆中品质最好的作物秸秆，质地柔软，可消化粗蛋白和可消化总养分均较高，与干草混合饲喂肉牛效果很好。

豆科秸秆：主要包括各类豆秸、油菜、棉花秸秆等，豆秸以大豆秸为主。豆科秸秆的共同特点是木质素含量高，可达 20% 以上，

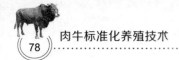

消化率低，但与禾本科秸秆相比粗蛋白质的含量和消化率都较高，以蚕豆秸和豌豆秸品质较好。

③秕壳　是指作物子实脱离时分离出的夹皮和外皮等，其营养价值大多高于同一作物的秸秆，但稻壳和花生壳的质量反而低于其秸秆。

豆荚：含粗蛋白质 5%～10%，无氮浸出物 42%～50%，是肉牛较好的粗饲料原料。

棉籽壳：含粗蛋白质 4.0%～4.3%，粗纤维 41%～50%，消化能 8.66 兆焦 / 千克，无氮浸出物 34%～43%，是肉牛较好的粗饲料原料。棉籽壳含有棉酚，在饲喂时妊娠母牛时要适当控制喂量，以防影响繁殖性能。

谷类皮壳：包括小麦颖壳、大麦颖壳、高粱壳、稻壳和谷壳等，这类粗饲料的营养价值普遍较低，但高于其秸秆，大部分营养价值低于豆荚。

花生壳：其营养价值与豆荚类似。

（3）**青贮饲料**　将新鲜的青绿多汁饲料收获，直接或经适当处理后切碎，压实并密封于青贮窖（池、塔）内，在厌氧环境下经过乳酸发酵后制成的饲料。根据加工的工艺不同青贮饲料又可以分为一般青贮饲料、半干青贮饲料和添加剂青贮饲料等。青贮饲料可长期有效保存青绿饲料的营养成分，并能改善部分饲料的适口性，因此是肉牛青绿饲料原料长期保存的最佳方法。青贮饲料非蛋白氮含量高，且以酰胺和氨基酸为主，粗纤维质地变软，胡萝卜素含量丰富，酸香可口，是肉牛良好的饲料原料。由于青贮饲料一次收购后可以长时间保存使用，品质好，肉牛标准化养殖场如果具备条件应大量收购贮存，可以有效解决粗饲料收购烦琐、价格高、质量差的难题。青贮饲料在饲喂时与碳水化合物含量丰富的饲料搭配使用可提高氮的利用率。

（4）**能量饲料**　能量饲料是指干物质中粗纤维含量在 18% 以下，粗蛋白质含量在 20% 以下的饲料原料，主要包括谷物子实类及其部分加工副产品（糠麸类）、块根、块茎类和瓜果类及其他。

①谷实类饲料 主要包括玉米、小麦、大麦、高粱、燕麦和稻谷等，均是禾本科植物成熟的种子。其特点是淀粉含量高，粗纤维含量少，一般在10%以下，适口性好，可利用能量高；粗脂肪含量在3.5%左右，粗蛋白质含量8%～11%。谷实类饲料蛋白所含的氨基酸不平衡，缺乏赖氨酸、蛋氨酸、色氨酸；磷含量高，钙含量低。

玉米：由于价格相对较低，可利用能值高，素有"饲料能量之王"的称号，是肉牛使用最普遍的能量饲料。特点是含能高，胡萝卜素含量较丰富，蛋白质含量低且品质不佳，钙、磷含量少且比例不合适。玉米还有一个优点，就是在瘤胃中的降解率较低，有利于提高淀粉的利用效率。

高粱：能量仅次于玉米，蛋白质含量略高于玉米。高粱在瘤胃中的降解率低，但含有单宁，适口性较差。用量一般为玉米的80%～95%。与玉米配合使用可提高饲料利用率。

大麦：蛋白质含量高于玉米且品质亦好，粗纤维较玉米多，能值低于玉米。富含钾、磷和B族维生素，但脂溶性维生素和维生素B_{12}缺乏，在瘤胃内的降解比例较高。

小麦：与玉米相比能量略低，但蛋白质及维生素含量较高，缺乏赖氨酸，B族维生素和维生素E含量较高。小麦所含的过瘤胃淀粉比例较玉米和高粱低，在瘤胃内的降解比例较高。

燕麦：能量低于玉米，但蛋白质含量较高（9%～11%），粗纤维含量也较高（10%～13%）；富含B族维生素，脂溶性维生素和矿物质较少，钙少磷多。

②糠麸类饲料 是谷实类的加工副产品，包括麦麸和各种糠麸，在我国主要是麦麸和米糠。

麦麸：包括小麦麸和大麦麸等。其营养价值因麦类品种和出粉率的高低而变化。麦麸粗蛋白质含量14%左右，B族维生素和维生素E含量高，粗纤维含量较高，能量含量相对较低。大麦麸在能

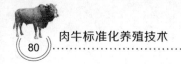
量、蛋白质和粗纤维含量等方面优于小麦麸。

米糠：去壳稻粒制成精米时分离出的副产品，由果皮、种皮、糊粉层及胚等组成。米糠的营养价值随含稻壳量的增加而降低，一般粗蛋白质含量13%左右，粗脂肪17%左右。米糠易在微生物及酶的作用下发生酸败，为便于保存，可经脱脂后生产成米糠饼。脱脂后的米糠饼除脂肪和维生素减少外，其他营养成分基本被保留下来。

大豆皮：大豆加工中分离出的种皮，养分含量约为粗纤维38%、粗蛋白质12%、净能7.49兆焦/千克，几乎不含木质素，消化率高，对于肉牛其营养价值几乎可以与玉米等谷物饲料原料相当。

其他糠麸：主要包括玉米糠、高粱糠和小米糠。其中以小米糠的营养价值最高。高粱糠的消化能和代谢能较高，但因含有单宁等，适口性较差。

③块根、块茎及瓜果类饲料　主要包括甘薯、马铃薯和木薯等，这些饲料原料含水量高，但晒干后按其干物质计算能量含量很高。

甘薯：富含淀粉，粗纤维含量少，热量低于玉米，粗蛋白质及钙含量低，多汁味甜，适口性好。

马铃薯：成分特点与其他薯类相似，与蛋白质饲料和谷物饲料混喂效果较好。马铃薯贮存不当发芽时，在其青绿皮上、芽眼及芽中含有龙葵素，采食过量会导致肉牛中毒。

胡萝卜：水分含量高，含丰富的类胡萝卜素，是种公牛和繁殖母牛的良好饲料原料。

（5）蛋白质饲料　蛋白质饲料是指干物质中粗纤维含量18%以下，粗蛋白质含量20%以上的饲料原料。这类饲料原料的粗蛋白质含量高，粗纤维含量低，可消化养分含量高，主要包括植物性蛋白质饲料、动物性蛋白饲料、单细胞蛋白质饲料、非蛋白氮饲料及其他。但对于肉牛而言，动物性蛋白饲料原料中仅奶和奶制品可以使用，其他所有的种类都被禁止使用，在此不再进行介绍。

①植物性蛋白质饲料 主要有豆科和油料作物子实及其脱油脂后的副产品，包括豆科子实、油料作物子实、饼粕类及其他加工副产品。

豆科子实：豆类子实蛋白质含量 20%～40%，普遍品质好，赖氨酸含量高，在我国作为饲料的主要为大豆。大豆的蛋白质含量32%～40%，氨基酸组成良好，但蛋氨酸含量较低。豆类子实普遍含有多种抗营养因子，必须经适当的加工处理后饲喂。

油料子实：在我国主要有棉籽和油菜籽，胡麻、亚麻等子实在部分地区产量也较大。棉籽的粗蛋白质含量较稳定，平均 22.5%～24.9%，粗脂肪含量 16.9%～24.7%，中性洗涤纤维和酸性洗涤纤维含量很高，分别为 39%～52% 和 29.0%～40.1%。棉籽中的主要抗营养物质为棉酚，在使用时应控制喂量，实验表明大量使用棉籽对肉牛的健康没有显著影响，但在牛肉中有明显的棉酚残留，对人的健康有害。油菜籽营养价值丰富，脂肪含量较高（37.5%～46.3%），蛋白质含量高于棉籽（24.6%～32.4%），但油菜籽也含有多种抗营养物质，使用时应注意控制喂量。胡麻和亚麻籽富含亚麻酸、油酸、亚油酸等生理活性物质，用其作为饲料原料可增加牛肉中多不饱和脂肪酸的含量。亚麻籽含油 40% 左右，粗蛋白质和纤维素分别为 20% 和 28% 左右。

饼粕类：是豆科及油料作物子实提取油脂后的副产品。压榨法制油的副产品称为饼，溶剂浸提法制油后的副产品称为粕。目前使用量最大的是大豆饼（粕），其粗蛋白质含量 38% 以上，品质好，赖氨酸含量高，但蛋氨酸较低；钙少磷多，B 族维生素含量较高。棉籽饼（粕）也是使用量较大的饼粕类原料，由于不同生产企业加工工艺的不同，其营养价值差异很大，低的蛋白质含量在 30%左右，高的达 40% 以上，赖氨酸含量较低，仅为豆粕的一半，蛋氨酸含量也较低，精氨酸含量高，不脱绒的棉籽饼（粕）粗纤维含量较高。花生饼（粕）粗蛋白质含量高于大豆粕，但氨基酸组成不平衡，赖氨酸含量仅有大豆饼（粕）的一半，蛋氨酸含量也较低，所含脂肪酸以不饱和脂肪酸为主，维生素含量较为丰富。菜籽饼（粕）是我国南方地区主要的蛋白类饲料原料，其粗蛋白质含量在34%～38%，适口性较差，钙和磷含量高，硒含量在常用植物性饲料中最高（1.0毫克/千克）。菜籽饼（粕）含有较高的硫代葡萄糖苷和单宁等抗营养物质，在使用时要注意控制喂量。其他的还有亚麻、胡麻等饼粕以及进口棕榈粕等。

②其他加工副产品　主要指糟渣类，是酿造、淀粉及豆制品加工行业的副产品。随着玉米、燕麦等深加工业的发展，玉米蛋白粉和玉米酒糟可溶蛋白（DGS、DDGS）等新型加工副产物开始大量出现。鲜糟渣的水分含量通常高达70%～90%，干物质中蛋白质含量为25%～33%，B族维生素丰富，还含有一些可刺激动物生长的未知因子。

豆腐渣、酱油渣和粉渣：是豆科子实或薯类等的加工副产品，由于我国缺乏规模化的大型加工厂，因各厂工艺不同导致这类糟渣的粗蛋白质的含量变化很大，以干物质计一般在20%以上，粗纤维较高，但维生素缺乏。这类饲料原料水分含量高，难以较长时间保存，加上生产规模小，烘干的成本高，最好新鲜饲喂。

酒糟、醋糟：多为禾本科子实及块根、块茎的加工副产品，粗蛋白含量因各个生产厂家的生产工艺不同差别也很大，一般以干物质计在19%以上，含水量因工艺差别很大，一般在70%以上。这类饲料原料特别是酒糟由于单个企业产量大，很多被加工成烘干产品使用。

玉米蛋白粉：是玉米生产淀粉的副产品，其产量为原料玉米的5%～8%。由于加工工艺不同，玉米蛋白质粉原料的粗蛋白质含量差别很大，可在25%～60%。其营养特点是蛋白质的利用率较高，氨基酸组成不平衡，蛋氨酸含量高而赖氨酸不足；缺乏矿物质和维生素。

可溶性谷物酒糟：是玉米、燕麦、大麦等生产酒精的副产物，具有低淀粉、高蛋白、高可消化纤维、高有效磷以及高维生素等特点，以干物质计其粗蛋白质含量为 25% 左右，其所含蛋白质过瘤胃比例较高。不同厂家由于加工工艺等不同，生产的可溶性谷物酒糟的外观、营养成分等差异很大，尤其以酸性洗涤纤维、赖氨酸和钙的含量变化最大。与大多数玉米加工副产品一样，赖氨酸是第一限制性氨基酸。

③单细胞蛋白质饲料　主要包括酵母、真菌及藻类。以酵母最具有代表性，其粗蛋白质含量为 40%～50%，生物学价值较高，含有丰富的 B 族维生素和一些未知的促生长因子。但其价格较高，肉牛日粮中可添加 1%～2%。

④非蛋白氮饲料　主要指通过化学合成的尿素、缩二脲、铵盐等。肉牛瘤胃中的微生物可利用这些非蛋白氮合成微生物蛋白，然后被小肠消化吸收利用。最常用的非蛋白氮饲料原料是尿素，按含氮量计算，1 千克含氮为 46% 的尿素相当于 6.8 千克含粗蛋白质 42% 的豆饼。尿素的溶解度很高，在瘤胃中会很快转化为氨，饲喂不当容易造成致命性的氨中毒。尿素的用量一般不超过日粮干物质的 1% 或精料补充料的 2%。近年来，为降低尿素在瘤胃的分解速度，改善尿素氮转化为微生物氮的效率，研制出了许多新型非蛋白氮饲料，如糊化淀粉尿素、异丁基二脲、磷酸脲、羟甲基尿素等，可大幅降低氨气在瘤胃内的释放速度。由于饲喂尿素对牛肉的品质有潜在的不良影响，加上高档育肥精料喂量大，足以满足肉牛的蛋白质需要，因此不建议使用尿素。

（6）矿物质饲料　矿物质饲料是指主要为肉牛提供矿物质元素的各种饲料原料，矿物质元素分为常量元素和微量元素，其原料也不同。食盐是最常用的矿物质饲料原料，主要用其补充肉牛钠和氯的不足，还可以提高饲料的适口性，喂量一般不超过精料补充料的 1%。石粉、磷酸氢钙等是最常用的提供钙、磷的矿物质饲料原料，由于多数饲料原料中均含有较为丰富的可被肉牛利用的磷，因此肉牛饲料中一般不建议额外补充磷，主要是补充钙。肉牛严禁使用骨粉和肉骨粉等动物性饲料原料补充钙，推荐使用沸石粉、石粉等。用于肉牛饲料中的主要常量和微量元素矿物质饲料原料还包括能提供铁、铜、镁、锌、锰、钴、钾、硒等的各种产品。

（7）其他饲料添加剂 主要是指在精料补充料中除矿物质饲料外的其他各种微量添加剂，其作用包括完善饲料的营养，提高饲料利用率，促进肉牛的生长和预防疾病，减少饲料在贮存期间的营养损失，改善牛肉产品品质等。

①氨基酸添加剂 是指人工合成作为添加剂使用的各种单项氨基酸，如赖氨酸、蛋氨酸、色氨酸等。通常认为，蛋氨酸是肉牛唯一的限制性氨基酸，但在实际生产中发现可能还存在其他限制性氨基酸，特别是在蛋白质原料质量较差时。

②维生素添加剂 包括脂溶性维生素 A、维生素 D、维生素 E、维生素 K 和水溶性维生素 C 及 B 族维生素等。肉牛可以合成所有的维生素，在正常放牧条件和优质牧草供应充足的良好舍饲条件下不需要额外补充维生素，但在应激和不良舍饲条件下，应考虑分别补充维生素 A、维生素 E、维生素 C、维生素 D。

③营养调控剂 包括各种改善瘤胃发酵及胃肠道消化生理功能的非直接营养性物质，如碳酸氢钠（小苏打）、莫能霉素、各种植物提取物等。小苏打的主要作用是调节瘤胃酸碱度，其添加量一般占精料补充料的 1% 左右。莫能霉素的添加量按照产品说明书使用。植物提取物是从植物中提取的微量成分，主要作用是提高饲料利用率、促生长、调控瘤胃发酵、保障肉牛健康等。

④酶制剂 包括各种人工发酵生产的酶，肉牛常用的主要是纤维素降解酶类和一些复合酶制剂，主要是在饲喂品质较差的作物秸秆时使用。复合酶制剂一般由各种纤维素酶、淀粉酶和蛋白酶等组成。

2. 饲草料原料选择的原则

（1）根据牛的消化生理特点选择饲草料 肉牛天生具有以草为主要原料的生理特性，肉牛标准化养殖场在选择饲草料时必须考虑这种特性，尽量多利用以青粗饲料为主的饲料原料，这对保证肉牛的健康，降低饲料成本，充分发挥肉牛作为节粮型畜牧业支柱产业的作用都具有重要意义。

（2）尽量保证饲料原料的多样化　单一饲料原料所含养分的种类、数量和比例都很难满足肉牛生长所需要的营养，特别是肉牛不能单独饲喂精料补充料。同时，不同饲料原料的搭配还能实现养分之间的互相补充，表现出 1+1>2 的效果，可以有效提高饲料利用效率、降低养殖成本。饲料原料的多样化还可以最大限度地保证饲料原料供应的充足。因此，要尽量实现饲草料原料的多样化；但也不能太多种类，否则会增加饲料采购和配制的难度。

（3）尽量因地制宜选择本地大宗饲草料　饲草料中精料补充料所需原料由于体积小、易贮存，其采购和运输成本较低，在外地价格低的时候可以大量采购。但大多数粗饲料原料体积大、单位价值较低，即使外地价格较低，加上运输费用后其成本也往往要远高于当地。青绿饲料和糟渣类等原料又难以长期保存，因此要尽量选择利用当地的饲料资源和农业加工副产物，以降低饲养成本，提高养殖效益。最近几年，随着我国粗饲料原料收获和运输成本的大幅提高，从国外进口大宗粗饲料原料特别是干草等在经济上逐渐变得可行。

（4）确保饲草料的安全性　根据我国的饲料原料标准在选择饲草料时要确保饲料原料的质量，不能选择发霉、变质、酸败的饲草料，也不能选择受到污染、霉菌等毒素超标的饲草料，不符合饲料原料标准其他要求的饲草料也禁止使用。对于含有抗营养因子的饲料原料，如棉籽、油菜籽等，要根据生产目的合理选择用量。研究表明，在一定的用量范围和时间内，使用上述原料不仅不会影响饲料的利用效率，反而能改善生产性能。

（5）尽量选择适口性好的饲草料　适口性好的饲草料能显著增加肉牛的采食量，这一点对于母牛和非强度育肥的牛而言可能不是很重要；但对于妊娠后期的母牛和强度育肥的肉牛，特别是高档肉牛育肥后期，提高肉牛的采食量则显得尤为重要。对于这些牛必须尽量选择适口性好的饲草料原料，以最大限度地提高肉牛的采食量。

（6）尽量保证饲草料的最优经济性　选择饲草料的最基本原则就是要确保经济效益的最大化。有些饲草料虽然质量和营养价值都很高，但价格远高于其他同类饲料原料，这时就要根据投入产出比综合考虑选择何种饲草料原料。例如，豆粕的营养价值高于棉粕，当两者价格相差不多时肯定优先选择豆粕，但当豆粕价格远高于棉粕时，则使用棉粕的效益更好。选择的临界点应根据两种原料的具体营养成分含量和价格确定。

（7）保持结构和非结构碳水化合物的恰当比例　粗纤维的消化利用主要依赖于瘤胃微生物的分解作用，而瘤胃微生物在降解粗纤维过程中必须有充足的能量供给，这些能量需要由非结构性碳水化合物来提供，如淀粉、糖等。因此，必须保证日粮中非结构性碳水化合物与粗纤维的含量保持适当的比例。控制日粮粗精比例是保持日粮内适宜的非结构性化合物／中性洗涤纤维比例的主要途径。

（8）确保饲草料原料种类的合法性　在选择饲草料时必须确保所用的饲草料符合国家有关的法律、法规和管理规定，在饲料批准允许使用的最新目录范围内（中华人民共和国农业部公告第2038号）。否则，再好的饲草料原料也不能选择使用。

（五）通过合理调制提高饲草料的利用效率

对不同的饲草料原料根据其特性进行适当的加工调制处理后，可以显著提高原料的适口性和消化吸收率，从而大幅提高饲料的整体利用效率，改善肉牛的生产性能。同时，还可以降低甲烷的排放和粪尿中氮、磷等的含量，有利于改善生态环境。

1. 精饲料原料的加工调制

（1）粉碎　粉碎是精饲料原料最常用、最简单的加工方法。不同的动物对粉碎的要求不一样，猪、禽要求原料粉碎粒度尽量要小，以利于消化。而肉牛由于采食的饲料首先要在瘤胃内进行降解，而不同的饲料原料在瘤胃内降解的作用差别很大。对于那些营养价值低、肠道难以直接消化吸收的饲料原料，通过瘤胃微生物的作用将其降解转化为微生物蛋白和挥发性脂肪酸等，可以显著提高利用效率。而对于营养价值高、肠道容易消化吸收的饲料原料在瘤胃内降解反而会造成能量和蛋白质的利用率下降。因此，在实际生产中对于需要在瘤胃内降解的饲料原料应尽量粉碎的粒度小一点，而对于不想其在瘤胃内降解的饲料原料应尽量采用粗粉碎。

（2）**制粒**　将饲料原料粉碎后，根据肉牛的营养需要进行搭配、混匀，然后制粒再进行饲喂，这样可以减少精料补充料在瘤胃内的降解比例，增加在肠道内的消化吸收，而且适口性好，可以减少饲料浪费。但制粒会增加精料补充料的生产成本，在生产中应综合考虑。

（3）**浸泡**　豆类、饼粕类、谷物等饲料原料粉碎后经浸泡处理，吸收水分后变得蓬松，容易咀嚼，易于消化；玉米等用热水浸泡则可以提高过瘤胃的比例，提高利用效率；有些饲料中的抗营养因子经过浸泡后也可减轻。浸泡方法为在池子或缸等容器中把饲料用水搅拌，一般料水比为 1∶1～1.5，以手握指缝中有水渍渗出但不下流为宜。浸泡的时间随饲料种类和季节变化，不宜过长。采用浸泡方法虽然可以提高饲料饲喂效果，但费时费力，仅适合于养殖数量较小的肉牛标准化养殖场。采用 TMR 日粮饲喂时通过调节水分可以起到类似浸泡的效果。

（4）**过瘤胃保护**　过瘤胃保护是指将易于在瘤胃内降解的饲料原料，通过人工处理后减少其在瘤胃内的降解比例。过瘤胃保护的方法很多，如热处理、化学处理、包被等。进行过瘤胃保护处理是提高高质量饲料原料利用效率的有效方法，当前使用最普遍的是包被技术。饲喂过瘤胃淀粉和脂肪能改善肉牛的脂肪沉积，饲喂过瘤胃氨基酸和蛋白质可以更好地实现氨基酸平衡，提高蛋白质的利用效率。

2. 青粗饲料的加工调制

（1）青绿多汁饲料的加工调制

①铡短和切碎　青绿多汁饲料是一类成本低、来源广、饲喂效果好的肉牛饲料原料。但大部分青绿饲料都体积较大，长度较长，因此，铡短和切碎就成为青绿饲料最普遍和最简单的加工方法。青绿饲料经铡短和切碎后不仅便于肉牛采食，还能减少浪费。一般是将牧草类等较长的青绿饲料铡成短草，而块根块茎类饲料以加工成小块或薄片为好。

②适时刈割　适时刈割对于保证饲草类原料的营养价值非常重要，收割过早会使产量大幅下降，而收割过晚会使木质化程度增加，营养价值大幅下降。一般禾本科饲草在孕穗期刈割，豆科饲草在初花期刈割。

③晾晒　晾晒主要是减少青绿多汁饲料所含的水分，蒸煮则是为了降解某些饲料原料含有的营养限制因子或提高原料的消化利用率。水生类饲料原料由于含水量太高，在饲喂前要先洗净并适当晾干后再饲喂。叶菜类饲料中含有较为丰富的硝酸盐，在堆贮过程中容易被还原为亚硝酸盐，引起牛的中毒甚至死亡，因此要尽量缩短贮存时间。幼嫩的高粱苗、亚麻叶等含有氰苷，在瘤胃中经微生物降解后可生成氢氰酸引起中毒，饲喂前应先进行晾晒。

④调制干草　青绿饲料由于含水量高，很难保存和长途运输。为此，通常将新鲜饲草收割，经过一定时间的晾晒或人工干燥，使其水分降到18%以下，制成干草后进行保存和运输。制作优良的干草在干燥后仍保持青绿颜色，基本保留了原料的主要营养成分，维生素D含量还有所增加，而且可以长期保存，打成草捆后又便于运输，目前是肉牛能够进行贸易的最基本、最主要的饲料原料。调制干草的牧草也要适时收割，禾本科草在抽穗期，豆科草类在孕蕾及初花期刈割为好。干草的制作方法很多，但总的要求是：干燥要均匀一致，干燥时间越短越好，营养物质的损失越

少越好。

自然干燥法：牧草刈割后在原地或附近干燥地段摊开暴晒，经常加以翻动，待水分降至40%～50%时，用搂草机或手工搂成0.5～1.0米高的草堆，保持草堆的松散通风，也可以做成组合式三角形草架，把牧草自下而上逐渐堆放或打成15厘米左右的小捆，草的顶端朝里，并避免与地面接触吸潮，草层厚度不宜超过80厘米。待水分降到17%以下即可长期贮藏。采用摊晒和捆晒相结合的方法可以更好地防止叶片、花序和嫩枝的脱落。

人工干燥法：又可分为常温鼓风干燥法和高温快速干燥法。常温鼓风干燥法是把刈割后的牧草在田间就地晒干至水分到40%～50%后，再放置于设有通风道的干草棚内，用鼓风机和风扇等吹风装置进行常温吹风干燥。高温快速干燥法则是将牧草收割直接放入烘干机中，通过高温空气在数秒钟使牧草含水量从80%～90%迅速下降到15%以下，这种方法可使保存的养分高达90%以上，而且适于工厂化生产，但在我国这种生产方式生产成本很高。

⑤制作青贮　青贮是一种在厌氧条件下利用乳酸菌发酵抑制有害菌增殖以长期保存青绿饲料的成熟技术。通过青贮的方法可以最大程度的保存原料的营养价值，并保持较高的饲料利用效率，还能长期保存，制作简便，取用简单，成本低廉，基本不受地域和季节等限制，已经成为各地普遍采用的青绿饲料调制技术。制作青贮的主要步骤如下。

青贮池（窖、塔）的准备：检查青贮池的墙壁和地面是否有裂缝，如有应及时修补；检查排水沟排水是否通畅，确保排水畅通；清扫杂物，彻底消毒。

原料的准备：常用的青贮原料包括青刈带穗玉米、去穗的青玉米秸、各种禾本科和豆科牧草等，几种常用青贮原料的种类和适宜收割期见表4-1。

表 4-1   常用青贮原料适宜收割期

青贮原料种类	收割适期	含水量（%）
全株玉米（带穗）	乳熟期	65
收玉米后株秆	果粒成熟立即收割	50～60
豆科牧草及野草	现蕾期至开花初期	70～80
禾本科牧草	孕穗至抽穗期	70～80
甘薯藤	霜前或收薯期 1～2 天	86
马铃薯茎叶	收薯前 1～2 天	80

青贮原料含水量超过 70% 时应将其适当晾晒到含水量到 60%～70%。水分达到要求后进行切短，以便于压实和取用。切短的长度细茎牧草以 7～8 厘米为宜，而玉米等较粗的作物秸秆以 1～2 厘米左右为宜。

装填和压实：铡短后的青贮原料要尽快装填入青贮池中，装填前可在池底先铺一层 10 厘米厚的干草，以便吸收青贮汁液，装填时要边装边压实，最好采用逐层压实，特别是池的四壁要压紧。如是土窖，还要在四壁和底衬上先覆盖上一层塑料薄膜。青贮制作时要选择晴好的天气进行，尽量缩短装填时间，以防止雨淋霉变。由于封池数天后，青贮原料会自然下沉，因此装填时最后一层应高出池壁 1 米左右。池顶最好做成隆凸圆顶，以便排水。

密封：原料装填完毕后要及时进行密封，防止漏水漏气，这是决定青贮能否制作成功和质量好坏的关键。密封时先用塑料薄膜将整个池覆盖，然后上面用土压实封严，四周挖排水沟。也可以先在青贮料上盖 15 厘米厚的干草，再盖上 20～50 厘米厚的湿土。在取土不方便的地区，还可在塑料薄膜上覆盖防晒网，上面用废弃轮胎和绳子等压实，四周用沙袋压实密封，可减少工作量。封池后2～3 天要仔细检查一遍，在下陷处填土，使其紧实隆凸，确保不渗水和漏气。如果制作质量符合要求，只要不开池青贮饲料可保存多年不变质。

⑥青贮取用　青贮一般在制作后45天（温度适宜时30天即可）可开始取用。取用时应从一端开始取料，从上到下，直到池底。应尽量每天都取料，每次取料层厚度在15厘米以上。切勿全面打开，严禁掏洞取料。每天取后及时进行覆盖，防止二次发酵。

⑦质量鉴定　青贮的质量好坏可以通过感官和实验室鉴定的方法确定。感官鉴定主要根据色、香、味和质地来判断青贮饲料的品质。优良的青贮饲料颜色黄绿色或青绿色，有光泽；气味芳香，呈酒香味；表面湿润，结构完好，疏松，容易分离。不良的青贮饲料颜色黑色或褐色，气味刺鼻，腐烂，黏滑结块。实验室鉴定主要通过测定pH值、有机酸和氨态氮等确定。pH值在4.2以下表明青贮饲料质量优良（半干青贮除外）；pH值在4.3～5.0，表明质量中等；pH值在5.0以上，则说明质量劣等。优质青贮饲料的乳酸含量为1.2%～1.5%，乙酸含量少，不含丁酸；氨态氮含量低于11%。

除了常用的青贮池（窖、塔）外，人们还发明很多其他的青贮制作方法，如塑料袋贮，这种方法投资少且比较灵活，料多则多贮，料少则少贮。其方法是将青贮原料切短喷入或装入特制的塑料袋中，排尽空气并压紧后扎口密封。如无抽气机，应装填紧密，加重物压紧。我国目前有长、宽各1米，高2.5米的塑料袋，可装750～1 000千克玉米青贮。一个成品塑料袋能使用2年，在这期间内可反复使用多次。塑料袋的厚度最好在0.9～1.0毫米以上，袋边袋角要封粘牢固，袋内青贮沉降后，应重新扎紧，遮光存放。裹包青贮则是将新鲜青绿饲料收割后，用捆包机将原料高密度压实打捆，然后用专用塑料拉伸膜包裹起来，形成一个厌氧发酵环境，经3～6周完成发酵过程，使青绿饲料的营养和品质得到长期保存。普通的塑料薄膜易透气、伸展性差，不能作为塑料拉伸膜。拉伸膜的颜色以黑色最好，厚度应不低于0.025毫米。

除了常规的青贮方法外，还有其他的青贮方法，如低水分青贮、添加剂青贮等。低水分青贮也称半干青贮，这种方法制作的青贮饲料干物质含量比常规青贮饲料高,无酸味或微酸,适口性好,色深绿,养分损失少。制作低水分青贮时,应将青饲料原料迅速风干,要求在收割后24~30小时内豆科牧草含水量达50%左右,禾本科牧草达到45%左右,在低水分状态下装窖、压实并封严。在我国北方地区,二茬苜蓿收割时正值雨季,晒制干草容易遇雨霉烂,制作半干青贮是解决这一问题的好方法。添加剂青贮则是通过外源添加一些特定物质以改善青贮的发酵,提高青贮质量。添加各种可溶性碳水化合物、接种乳酸菌、加入酶制剂等可促进乳酸发酵,使青贮原料迅速产生大量的乳酸,pH值快速下降到要求(3.8~4.2);添加甲酸等各种酸类或抑菌剂等可抑制腐败菌等不利于青贮的微生物的生长;添加尿素、氨化物等可提高青贮饲料的含氮量。添加剂青贮不仅可以提高青贮的效果,还可以大大扩大青贮原料的范围。

⑧注意事项　青贮饲料一般经过30~40天才能完成发酵过程,在发酵完成之前不可提前开启。青贮池开启后,要沿切面取用,切忌由一处掏洞挖取。在饲喂青贮饲料时,要先对肉牛进行适应性训练,逐渐增加喂量,一般需7~10天的适应后才能按照既定设计量进行饲喂。严禁给肉牛饲喂冰冻的青贮饲料。当天取用的青贮饲料要当天喂完,不能过夜。一般情况不宜将单一的青贮饲料作为肉牛唯一的饲料来源,最好和其他饲料按照肉牛的营养需要合理搭配饲喂。

(2)粗饲料的加工调制

①揉搓　揉搓是利用专用的设备对铡短后粗硬或带刺的作物秸秆进行再次处理,经过揉搓的秸秆变成柔软的丝条状,适口性和采食量增加,消化利用率提高,从而可以显著提高秸秆的利用效率,其效果比单纯的铡短处理要好得多。

②制粒　作物秸秆经粉碎后可以提高可消化性和适口性,但粉碎力度过小不仅会造成饲喂难度加大,而且会使肉牛无法采食到足够长度的纤维素,进而引起瘤胃发酵紊乱,而粉碎后再制粒则可解决这个问题。制粒是通过专门的机械将粉碎好的作物秸秆压制成颗

粒饲料，压制的直径以 6～8 毫米为宜。秸秆颗粒饲料具有方便肉牛养殖的机械化饲喂和自动饲槽的应用、利于肉牛咀嚼、适口性好等优点，可以增加肉牛的采食量，改善生产性能，提高秸秆资源利用效率。

③压块　压块是将秸秆经过铡短或揉碎后用特定机械压制成高密度的块状饲料，一般外形为 30 毫米的方形或直径 8 毫米、长 30 毫米的圆柱形。秸秆压块能减少养分流失，便于贮存运输。同时高温高压挤压成形过程还可以破坏秸秆的纤维结构，从而较显著地提高粗纤维的消化率。

④氨化　在蛋白饲料不足的情况下，将稻草和麦秸经氨化或碱化处理可显著提高其适口性和饲用价值，有效补充非蛋白氮。其方法是选择未霉变的干麦秸、玉米秸或稻草等，铡短至 1～2 厘米，密封后通入氨水，或按照一定的比例将尿素溶化后均匀喷洒到秸秆上，然后密封。常用的方法有堆垛法或青贮池法。

堆垛法：适用于液氨处理，先将 6 米×6 米塑料薄膜铺在地面上，然后在上面堆铡短后秸秆，草垛的底面积以 5 米×5 米为宜，高度 2.5 米左右，秸秆原料含水量要求 20%～40%。堆好草垛后，用 10 米×10 米塑料薄膜盖严，四周留下 0.5～0.7 米宽的剩余。在垛底部用一长棍将四周余下的塑料薄膜上下合在一起卷紧，以石头或土压住，保证密封，然后将输氨管插入，按秸秆总重量 3% 的比例向草垛内缓慢输入液氨。输氨结束后，抽出塑料管，立即将输氨孔堵严。

青贮池法：适用于尿素处理，可直接利用现成的青贮池。其方法同青贮类似，要求逐层压实。尿素用量为每 100 千克秸秆 3～4 千克，溶解在 40～55 升水中，逐层喷洒到秸秆上，堆好踏实后用塑料布盖好封严。

氨化的时间应根据气温和感观来确定，一般 30 天左右，秸秆颜色变褐黄即可。饲喂时应先进行放氨处理，一般自然通风 2～5 天即可将剩余的氨全部放掉，至呈糊香味、无氨气味道时才能饲喂肉牛。

⑤复合处理技术 综合采用氨化、碱化和盐化技术对秸秆进行处理，此种方法可弥补氨化成本过高、碱化不易久贮、盐化效果欠佳等单一处理的缺陷。试验证明，复合处理的麦秸与单一处理组相比各类纤维都有不同程度的降低，干物质瘤胃降解率提高20%以上。

制作方法：处理液的配制见表4-2，将尿素、生石灰粉和食盐按比例放入水中，充分搅拌溶解，使之成为浑浊液。操作方法与氨化处理一样。

表4-2 处理液的配制 （单位：每100千克秸秆）

秸秆种类	尿素（千克）	生石灰（千克）	食盐（千克）	水（升）	贮料含水量（%）
干麦秸	2	3	1	45～55	35～40
干稻草	2	3	1	45～55	35～40
干玉米秸	2	3	1	40～50	35～40

⑥微贮 微贮是在作物秸秆中加入微生物高效活性菌种，调节水分适宜，然后密封贮藏，经一定时间的发酵后使其变成具有酸香味的饲料。微贮的方法与青贮类似，只是原料不同，发酵所需要的菌种也不一样。

3. 肉牛日粮的配合方法 肉牛日粮的配制需要根据其营养需要、生产目标和可用的饲料原料进行。

（1）肉牛的营养需要量 肉牛养殖发达国家对肉牛的营养需要量进行了大量深入研究，在此基础上制定了各国自己的肉牛饲养标准，并根据研究成果和生产需要定期或不定期进行更新。影响力比较大的有美国国家研究委员会（NRC）制定的肉牛饲养标准，目前已经推出第七版，日本的肉牛饲养标准也已经推出了第五版，法国、巴西等国家也都有自己的饲养标准。我国的肉牛营养研究起步较晚，主要以美国 NRC 的肉牛饲养标准为基础，加上我国的研究成果制定，还很不完善，如我国目前肉牛育肥的出栏体重普遍在600 千克以上，但饲养标准中育肥的最大体重仅到 500 千克；妊娠、哺乳母牛体重没有考虑南方地方黄牛中的小型牛。我国的肉牛饲养标准为 NY/T 815-2004。

（2）**肉牛饲料的分类**　肉牛饲料根据所含养分种类成分的不同在商业上分为全混合日粮、精料补充料、浓缩饲料和添加剂预混料及添加剂。

全混合日粮由粗饲料和精料补充料按照一定比例混合配制而成，可以满足肉牛的各种生理需要。精料补充料是指为补充肉牛单纯采食青粗饲料不能满足的营养，将多种精饲料原料和饲料添加剂按照一定比例配制而成的饲料。浓缩饲料是指由蛋白质、矿物质和饲料添加剂按照一定比例配制而成的饲料，肉牛标准化养殖场在使用时按照说明书要求添加能量饲料即可配制成相应的精料补充料。添加剂预混合饲料是指由两种（类）或者两种（类）以上营养性饲料添加剂为主，与载体或者稀释剂按照一定比例配制而成的饲料，包括复合预混合饲料、微量元素预混合饲料、维生素预混合饲料。添加剂则包括营养性饲料添加剂、一般饲料添加剂和药物饲料添加剂。营养性饲料添加剂是指为补充饲料营养成分而掺入饲料中的少量或者微量物质，包括前面提到的饲料级氨基酸、维生素、矿物质微量元素、酶制剂、非蛋白氮等。一般饲料添加剂是指为保证或者改善饲料品质、提高饲料利用率而掺入饲料中的少量或者微量物质，包括前面提到营养调控剂、酶制剂等。药物饲料添加剂是指为预防、治疗动物疾病而掺入载体或者稀释剂的兽药的预混合物质，在肉牛上很少使用。

（3）**配方的制定方法**　配制饲料必须首先确定日粮配方，配方的制定方法主要有手工计算法和计算机法。手工计算方法有试差法、四角法、公式法等；应用计算机中的专用软件可根据需求快速制定出所需要的饲料配方。需要注意的是根据肉牛营养需要量通过计算制定的看似合理的配方，在生产中会由于所用原料和具体饲养环境的不同而达不到预期的饲喂效果，必须根据生产实践经验进行进一步的调整和优化。因此，配方制定人员应具有深厚的动物营养知识和丰富的生产实践经验。

①计算机法　利用计算机软件确定日粮配方是最先进的方法，只要将肉牛的体重、日增重以及饲料原料的种类、营养成分、价格等输入配方软件，计算机就能自动将日粮配方计算出来。用于肉牛配方设计的软件很多，具体操作各异，但不管哪种配方软件所用的基本原理是相同的，都是根据肉牛的营养需要和设定的要求，采用线性规划法、多目标规划法、参数规划法等优化出饲料配方。配方软件主要包括两个管理系统：原料数据库和营养标准数据库管理系统、优化计算配方系统。多数软件都包括肉牛全价混合料、浓缩饲料、预混料的配方设计。对熟练掌握计算机应用技术和肉牛营养需要的人员，除了购买现成的配方软件外，还可以应用 Excel（电子表格）、SAS 软件等进行配方设计，简单经济实用。

②手工计算法　手工计算的方法很多，但过程基本类似，以简单易行的试差法为例，其过程是首先根据生产经验和配制日粮的一般原则初定一个饲料配方，然后计算出各种营养成分的含量，并与饲养标准中的营养需要量比较，再根据养分的余缺情况调整各类饲料原料的用量，使之最大限度地符合饲养标准的要求。例如，要设计一个体重 400 千克、预期日增重 1 千克的舍饲生长育肥牛的全混合日粮配方如下。

第一步，查肉牛饲养标准，得知肉牛的营养需要量如表 4-3 所示。

表 4-3　肉牛营养需要量

干物质 （千克/日）	肉牛能量单位 （个/日）	粗蛋白质 （克/日）	钙 （克/日）	磷 （克/日）
8.56	6.27	866	33	20

第二步，在肉牛常用饲料营养价值表中查出所选饲料的营养成分含量，如表4-4所示。

表4-4　饲料养分含量　（干物质基础）

饲料名称	干物质（%）	肉牛能量单位（个/千克）	粗蛋白质（%）	钙（%）	磷（%）
玉米青贮	22.7	0.54	7.0	0.44	0.26
玉　米	88.4	1.13	9.7	0.09	0.24
麦　麸	88.6	0.82	16.3	0.20	0.88
棉　饼	89.6	0.92	36.3	0.30	0.90
磷酸氢钙	—	—	—	23.00	16.00
石　粉	—	—	—	38.00	—

第三步，自定精、粗饲料用量及比例。如自定精料补充料和粗饲料各占50%。由表4-3可知每头牛每天需8.56千克干物质，因此每头每天由粗饲料（青贮玉米）供给的干物质重量为8.56×50%=4.28千克。然后根据表4-4计算出青贮玉米所提供的养分量，以及还缺的养分量，如表4-5所示。需要由精饲料所提供的养分应为干物质4.28千克，肉牛能量单位3.96，粗蛋白质566克，钙14.17克，磷8.87克。

表4-5　粗饲料提供的养分量

	干物质（千克）	肉牛能量单位（个）	粗蛋白质（克）	钙（克）	磷（克）
需要量	8.56	6.27	866	33.00	20.00
4.28千克青贮玉米干物质提供	4.28	2.31	300	18.83	11.13
还　差	4.28	3.96	566	14.17	8.87

第四步，试定各种精料补充料原料的用量并计算出养分含量，如表4-6所示。

表4-6　试定的精料补充料的养分含量

饲料种类	用　量（千克）	干物质（千克）	肉牛能量单位（个）	粗蛋白质（克）
玉　米	2.70	2.386	2.696	231.0
麦　麸	0.60	0.532	0.436	86.7
棉　饼	0.98	0.878	0.808	318.7
合　计	4.28	3.800	3.940	636.4

由表可见，虽然精料补充料的干物质还没有达到4.28千克的要求，但蛋白质量已经超过了需要，肉牛能量单位基本符合要求，因此，应相应减少蛋白质饲料原料（棉粕）的比例，调整后精料养分含量如表4-7。

表4-7　调整后精料补充料的养分含量

饲料种类	用　量（千克）	干物质（千克）	肉牛能量单位（个）	粗蛋白质（克）	钙（克）	磷（克）
玉　米	2.90	2.564	2.897	248.7	2.30	6.15
麦　麸	0.60	0.532	0.436	86.7	1.06	4.68
棉　饼	0.78	0.699	0.643	253.7	2.10	6.29
合　计	4.28	3.800	3.980	589.1	5.46	17.12
与标准比		−0.480	＋0.020	＋23.1	−8.71	＋8.78

由表4-7可见，除干物质尚差0.480千克外，日粮中的能量和粗蛋白已基本符合要求，能量和蛋白符合要求后再看钙和磷的水平，钙磷的余缺用矿物质饲料调整，本例中磷已满足需要，不必考虑补钙又补磷的饲料，用石粉补足钙即可，根据石粉中钙的含量为

38%，计算出石粉用量为 8.71÷0.38=22.9 克。精料补充料中另加 1% 左右的食盐，约合 0.045 千克，5% 的添加剂预混料，约合 0.228 千克。在饲养实践中干物质喂量不足可适当增加青贮玉米的喂量，或适当调整总饲料喂量。

第五步，根据精料补充料的原料用量计算出各自所占的百分比，即为精料补充料的配方，加入粗饲料后即为全价饲料的日粮配方。在表 4-8 中的精料补充料组成中去掉玉米和麦麸，剩余的重新计算比例，即为浓缩料的配方。

表 4-8　确定的育肥牛日粮配方

	青贮玉米	玉　米	麦　麸	棉　饼	石　粉	食　盐	5% 预混料
供量（千克）	18.85	2.9	0.6	0.78	0.023	0.043	0.214
供量（干物质计，千克）	4.28	2.564	0.532	0.699	0.023	0.04	0.214
全混合日粮配方（%）	80.52	12.39	2.56	3.33	0.10	0.18	0.91
精料补充料配方（%）	—	63.37	13.11	17.05	0.50	0.98	4.98
浓缩料配方（%）	—	—	—	72.49	2.14	4.18	21.19

在实际生产中，青贮玉米的喂量应增加 10% 的安全系数，即每头牛每天的投喂量应为 20.74 千克。精料补充料按表 4-8 的比例配制好后，每头每天的投喂量为 4.4 千克。

（4）饲料的加工　精料补充料的配方确定后，即可将各种原料通过一定的工艺进行混合。其流程是先将原料清理除杂，对于需要粉碎的进行粉碎，然后按照先大宗原料后少量原料的顺序依次计量入仓，按照确定的最佳混合时间进行混匀，如果不需要加工成颗粒饲料直接计量包装，如果需要加工成颗粒饲料则需要增加一个制粒工艺。浓缩料的加工与精料补充料相同，只是不需要制粒。预混的需要量较小，对工艺和技术的要求较高，肉牛标准化养殖场最好购买专业厂家生产的产品，不要自行加工。

（5）全混合日粮的加工　全混合日粮一般使用专用的机械（TMR车）进行配制，但TMR车价格较高，在无法购置TMR车的情况下也可采用人工混匀，但人工混匀劳动强度大、均匀度差。TMR车混匀时投料的顺序为先秸秆饲料或干草，然后是青贮饲料，其次是青绿多汁饲料和糟渣饲料，最后是精料补充料。秸秆类饲料最好事先进行铡短，这样可以节约混匀的时间，长度以 2～3 厘米为宜。在混匀过程中要根据原料的不同加入一定量的水，配制好的全混合日粮含水量一般在 50% 左右，以保持良好的适口性和混合状态为准。每种原料加入后的混匀时间都要事先进行测定，并不是混匀的时间越长越好，时间过长各种原料会分层，反而起不到混合的效果。

4. 饲料使用的其他注意事项　在饲料的使用上，还应注意饲料的生物安全，避免霉变、腐败、有毒饲料的使用，确保肉牛及肉制品的安全，严格执行《产品质量法》《饲料和饲料添加剂管理条例》，饲料产品质量符合营养标准及饲料卫生标准，严格执行农牧发《饲料药物添加剂使用范围》，不使用高铜、不违规使用农业部禁用的激素类促生长剂和药物。

第五章
肉牛的饲养管理

一、标准化养殖对饲养管理的要求

在我国古代，人们养殖肉牛以吃肉为主要用途，牛是祭祀的上品，《礼记·曲礼》上说"凡祭宗庙之礼，牛曰一元大武，豕曰刚鬣，豚曰腯肥，羊曰柔毛，鸡曰翰音，犬曰羹献，雉曰疏趾，兔曰明视"，表明牛在古代祭祀中的品级最高。在古代，能够使用牛肉也是身份地位的象征，《曲礼》有"天子以牺牛，诸侯以肥牛，大夫以索牛，士以羊豕。"直到进入二千多年的农耕社会后，养牛的主要用途才变为耕田、拉车等使役活动，基本不再考虑出售卖肉的经济效益。由于牛成为家庭的主要生产资料，我国劳动人们高度重视牛的饲养管理，并从实践中总结出了众多农谚，如"寸草铡三刀，无料也上膘""牛吃百样草，样样都上膘""储草如储牛，保草如保粮""养牛没有巧，水足草料饱""家牛要过冬，草料第一宗""草是牛的命，无草命不长""每天没有三个饱，很难使牛上油膘""冬牛体质好，饮水不可少""隔年要犁田，冬牛要喂盐""菜不移栽不发，牛无夜草不肥""三知、六净"（三知：知冷暖、知饥饱、知力气大小和疾病，六净：草净、料净、水净、槽净、圈净、牛体净），"有料无料，四角拌到""先草后料""先干后湿""刷拭牛体，等于加料""养牛无巧，圈干食饱""圈干槽净，牛儿没病""牛跑一趟，一天白放"。这些农谚从牛舍、饲草、饮水、护理等各个环节指出

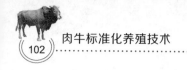

了加强耕牛饲养管理的重要性。

这种农耕文化一直持续到新中国成立后的 30 余年，直至改革开放以后，由于机械化的逐步推广普及以及人们生活水平的快速提高对牛肉消费需求的快速增长，耕牛很快实现了从役用到肉用的快速转变，牛也从生产资料转变为生活资料。随着肉牛科学养殖的推广和养殖规模的快速扩大，标准化养殖的比重不断扩大，其商品属性进一步得到加强，养殖的水平对销售收入和经济效益的影响越来越凸显，科学饲养管理在养殖中的作用越来越重要。在肉牛标准化示范场验收标准中虽然没有直接列出饲养管理这一大部分，但除第四部分环保要求以外，其他四大部分都与饲养管理有关，其中密切相关的条款就达 11 条共 39 分，比如要使用精料补充料，要有粗饲料采购和供应计划，有充足的饲草储存设施等，占到了总分的 1/3 还多，也从另一方面说明了饲养管理的重要性。与一般肉牛养殖户相比，肉牛标准化养殖场养殖规模大、饲养成本高，因此对肉牛饲养管理的要求更高。

二、饲养管理的现状与存在的问题

（一）我国肉牛饲养管理的现状

我国肉牛养殖多年以来以农户分散饲养和育肥为主，随着养殖的发展，5 头及以上养殖的比重逐年提高，其中肉牛标准化养殖场的出栏量已占全国牛总出栏量的 5% 左右。但现有的肉牛标准化养殖场饲养管理水平差异很大，先进的肉牛标准化养殖场已经开始应用最新的饲养管理技术，如全混合日粮、自动饲喂、自动清粪等，但多数养殖场还处于不使用专用肉牛饲料和添加剂预混料，不能保证按时饲喂和供给充足清洁饮水，饲养管理精细化程度还不如普通养牛户的初级阶段。养牛场饲料种类混乱，肉牛品种混杂，大牛、小牛和老牛混群饲养，母牛和公牛不分。其结果是育肥所需时间长，育肥效率低，牛肉质量不高，产品缺乏竞争力，养殖效益低下。

只有极少数大型肉牛标准化养殖场聘有饲养管理经验丰富的专业技术人员指导饲养管理，部分肉牛标准化养殖场聘请当地畜牧或农业等相关部门的退休人员担任技术主管，更多的标准化养牛场都是所有者自行管理。这些从业人员普遍缺乏肉牛科学养殖的经验和技术，要么依靠传统的养牛经验，要么盲目听信一些非专业人员的指导，结果导致饲养不合理，管理不到位。

很多标准化肉牛养殖场在发展肉牛产业的认识上存在误区。有的过度强调节粮，大量使用粗饲料，精料补充料比例过低；有的则盲目大量饲喂精料补充料，造成过高的饲养成本和肉牛亚健康；有的盲目追求高档肉牛育肥，忽视了普通优质牛肉才是市场需求的主体。

（二）存在的主要问题

1. 不分群或分群不合理　不同的肉牛品种和其杂交后代牛具有各自的生理特点，如夏洛莱牛个体大，生长速度快；利木赞牛体型大，早期生长速度快；而安格斯牛和日本和牛等具有易于沉积脂肪的特点。有的品种耐粗饲，有的品种则需要较高营养。年龄和体重大的牛日增重高，但维持需要和采食量也高。母牛和公牛对饲料的消耗、利用效率和维持需要也不相同。犊牛粗饲料消化能力差，而育成牛和成年牛粗饲料消化利用能力强。在生产中需要根据牛的特点进行有针对性饲养，才能做到投入少、效益高。但目前多数的肉牛标准化养殖场都没有对牛进行分群，或者仅是简单的分群，不少甚至将育肥牛和母牛用相同的方案饲养，造成饲喂相同日粮的同一群牛中有些营养不足，有些却营养过剩，最终生产性能表现出很大的差异。

2. 饲料变更频繁　最近几年随着我国秸秆直接还田比例的提高和运输、人工等成本的大幅增加，作物秸秆类粗饲料的收购日趋困难，价格大幅上涨，目前已普遍达到每吨 500 元左右，优质牧草干草的价格更高。在这种情况下没有青贮饲料储备的肉牛标准化养殖场很难储备足够的粗饲料，导致普遍存在有什么喂什么的问题。不同批次的饲料原料营养价值差别大。很多肉牛标准化养殖场为了方便经常随意更改精饲料原料和配方，更改后也不设过渡期就直接换为新的日粮。殊不知，肉牛瘤胃内的微生物菌群在饲喂某一固定日粮时是保持相对稳定的，日粮改变后微生物菌群也要发生变化，但这个变化不是立刻就能完成的。饲料的频变容易使瘤胃微生物菌群发生紊乱，导致瘤胃发酵和肠道消化异常，进而引起肉牛生病或饲料利用效率下降。在饲草紧张的情况下，有的养牛场甚至用酒糟或果蔬加工的下脚料完全替代粗饲料，这样很容易造成肉牛干物质和粗纤维采食不足，影响正常的瘤胃功能，生长或育肥效果差。

3. 饲养方法不恰当　许多肉牛标准化养殖场不知道如何根据饲养周期的长短和不同生产目的调整确定合理的饲养方法，纠结于到底是采用拴系饲养还是散养好，整个养殖过程中全场机械饲喂采用一种固定的模式。有些肉牛标准化养殖场采用自由采食工艺以为就是要24小时饲喂，清槽不及时，甚至不清槽。殊不知，在饲料含水量较高的夏季，喂量控制不当很容易造成饲槽底部的饲料发霉。一些肉牛标准化养殖场采用不清粪的饲养工艺，但不知道采用这种工艺需要定期加入干草等垫料以保持肉牛活动区域的干燥，导致肉牛的肢蹄长期处于阴暗潮湿的环境中。

4. 饲喂方式不合理　一是机械地照搬青精粗饲料饲喂次序，不知道根据对于不同生产目的和饲养阶段适当调整饲喂次序。二是不知道根据粗饲料的变化调整精料补充料配方和喂量，在粗饲料养分差别很大的情况下仍一成不变地使用同一精料补充料。三是在饲喂过程中使用发霉变质的玉米或青贮饲料喂牛的现象比较普遍，表面上好像节约了饲料，但实际上却降低了饲料利用效率，造成浪费，严重的还会引起肉牛中毒。四是饲喂时间不固定，导致肉牛始终形不成稳定的消化规律，不仅饲料利用效率低下，牛还容易生病。五是没有采取分阶段饲养的饲喂程序，一个配方打天下，造成饲料浪费或增重不理想，养殖效益低下。

5. 管理措施不到位 饮水管理不到位，很多肉牛标准化养殖场肉牛饮水采用地下水，但却不对地下水水质是否符合要求进行定期化验分析，不知道水质是否符合卫生标准；绝大多数肉牛标准化养殖场没有对牛的饮水水温进行合理控制，牛冬季饮冰水、夏季饮高温水的现象十分普遍；饮水时间不固定，高档肉牛育肥无法保障牛全天自由饮水。没有采取有效的夏季降温防暑和冬季防风保暖措施，导致夏季高温季节肉牛采食量大幅下降，饲料消化率降低及生产性能下降，而在冬季维持需要量大幅增加，造成肉牛冬季生长缓慢或饲料成本明显提高。不注意牛体卫生，虽然要求经常刷拭牛体，但很少有养牛场能够坚持对牛体进行刷拭，牛体上长期黏附污物和粪便，寄生虫滋生严重。管理制度缺乏或有制度却缺乏监督执行。防疫措施装样子，消毒程序不合理等现象也普遍存在。

三、实现标准化的措施和方法

（一）对肉牛合理进行分群

1. 分群的必要性 我国的肉牛标准化养殖场普遍存栏规模较小，多数在千头以下，而且以从外面购入架子牛进行中短期育肥的养殖模式为主体。在当前全国肉牛存栏大幅下降，架子牛供应减少，收购日趋困难的情况下，标准化养殖场购入的肉牛品种、年龄和体重千差万异，有的养牛场就像是肉牛品种的展览馆。由于养殖周期长，投资大，见效慢，采取自繁自养的肉牛标准化养殖场一般养殖规模更小，很少能够做到整群牛的品种、年龄、性别和体重等都相近。

由于不同的品种及其杂交后代在耐粗性、适应性、耐热性、耐寒性及早熟性等方面均有所差异，采用同样的饲养方案无法适合所有肉牛，因此在肉牛饲养过程中日增重和饲料报酬等就会表现出较大的差异。不同年龄和不同体重的牛所处的生长阶段不一样，其生理特点也不相同，在维持需要和对饲料特别是粗饲料的消化能力上存在着差异，用同样的日粮配方可能会导致部分牛营养过剩而部分牛营养不足。在这种现实情况下要想取得较好的经济效益，在生产中就必须根据具体的牛群采取相应的饲养管理措施，而要想实现针对性的饲养管理，对所饲养的肉牛进行合理分群就显得至关重要。

2. 分群的方法 对肉牛进行分群饲养不仅便于统一饲养管理，还可以有效提高饲料的利用率，发挥肉牛增重和产肉的潜力。分群的具体方法主要是根据年龄、品种、体重、性别和增重速度等进行。对于架子牛，育肥体重和膘情是最重要的指标，其次是增重速度、性别、品种和年龄。而对于犊牛和育成牛，性别和年龄则是最重要的指标，其次是体重、膘情、增重速度和品种。肉牛标准化养殖场初次分群的原则要求如下。

（1）**体重** 每个牛群中牛只的体重差异控制在 50 千克以内，具备条件的应控制在 25 千克以内。

（2）**年龄** 36 月龄以前的肉牛年龄差异应控制 3 个月以内，具备条件的养牛场可控制在 1～2 个月以内；36 月龄以后的肉牛可都分为一组。

（3）**其他** 分群时公牛和母牛必须分开；强壮的牛和弱小的牛要分开；膘情好的牛和膘情差的牛要分开；妊娠后期的牛要和妊娠早期、中期的牛分开；哺乳的牛要和其他牛分开。在具备条件的情况下群分得越细越好，但要注意，分群越细所需要的饲料种类越多，对饲养管理的精度要求越高，饲养管理的难度越大。

初次分完群后要注意观察，刚入群的散养牛可能会出现打斗，一般不需要理会，最多 1 周左右的时间牛群就会适应。1～2 个月后根据增重速度进一步分群，将增重快的牛和增重慢的牛分开。此后就要尽量保持每个群的稳定，过于频繁的调群会给肉牛造成很大的应激，不仅影响增重，还容易导致肉牛患病。只有通过合理分群，才能实现配料、投料和管理的便利。

（二）保持合理的日粮组成

肉牛日粮的组成种类越多越能发挥不同饲料原料间的互补作用，也有助于提高日粮的适口性，同时还可避免在某一种饲料原料缺乏时引起日粮配方的大幅变动。因此，在选择肉牛日粮时除要充分考虑营养成分齐全和数量充足外，还要尽量保持日粮原料组成的多样化。在满足肉牛营养需要的基础上保持尽可能高的粗饲料水平，有利于提高肉牛的健康水平。在同等条件下尽量选择价格低廉、供应充足的饲料原料。同时，一定要牢记在肉牛养殖的整个过程中国家法规明确禁止使用动物性饲料原料（除奶和奶制品以外）。所有的饲料原料在使用前都应测定实际养分含量，以此作为配制饲料的依据。

1. 原料多样化　日粮组成的多样化主要是对粗饲料而言的，因为在实际生产中肉牛标准化养殖场通常使用配制好的精料补充料，而且精料补充料的配制原料可选范围较窄。粗饲料由于需要量大，受来源的限制很容易出现组成单调、有啥喂啥的现象。日粮组成的多样化可以发挥不同类型饲料在营养特性上的互补作用，农谚"牛吃百样草，样样都上膘"就是对此的生动总结。同时，多样化的日粮组成也有利于提高日粮的适口性。通过多样化还可以将每种饲料的日采食量控制在合理范围内，从而避免了某种单一饲料采食过多造成的消化代谢疾病。单一饲料原料的最大推荐喂量见表5-1，实际生产中要注意根据牛的体型大小、体重、生产阶段等予以调节。具备条件的肉牛标准化养殖场一般最好有粗饲料2种以上，青绿多汁饲料及辅料2~3种。由于不同批次的饲料原料特别是粗饲料营养成分变化很大，因此所有的饲料原料都应定期进行质量检测，以避免由于原料营养成分变化大导致肉牛出现营养不足或过剩。

表 5-1　各类饲料的建议最大日喂量

饲料种类	最大日喂量或比例	饲料种类	最大日喂量或比例
青干草	10 千克	鲜啤酒糟	15 千克
青贮饲料	25 千克	鲜白酒糟	25 千克
块根块茎	10 千克	鲜玉米淀粉渣	15 千克
瓜果类	10 千克	鲜豆腐渣	10 千克
谷实和饼粕类	10 千克	麦　麸	占精料补充料 35%
青　草	50 千克（幼嫩草可增加）	干甜菜渣	占日粮干物质 30%
豆　类	1 千克	糖　蜜	占精料 7%

2. 日粮粗纤维水平合理化　肉牛可以大量消化利用各种青粗饲料，而青粗饲料所含的粗纤维同样是维持瘤胃正常消化代谢所必需的。如果日粮粗纤维水平过低，就会导致肉牛反刍时间减少，唾液分泌量下降，从而使瘤胃 pH 值下降，造成瘤胃酸中毒和其他消化代谢病。农谚"草是牛的命，无草命不长"就是对此的生动描述。对于母牛如果粗纤维采食不足，还会因日粮营养浓度过高使所采食的营养物质超出其正常需要量，导致母牛过肥、繁殖力下降甚至不受胎。当然，日粮粗纤维含量也不是越高越好，粗纤维水平过高一方面会导致日粮营养浓度低，所采食的营养物质不能满足肉牛快速生长的需要；另一方面还会影响精料补充料的消化和吸收，使饲料利用效率下降。

3. 原料价格低廉化、供应便利化　肉牛采食量大，1 头体重 500 千克的肉牛 1 天的采食量以干物质计可达 12～15 千克，其中粗饲料需 6～8 千克，折合成新鲜的青贮饲料需 24～32 千克。如此大的采食量，使饲料成本占到了肉牛养殖成本的 70% 以上。因此，饲料成本的轻微变化就能显著影响养殖的经济效益。在选购精料补充料和青粗饲料原料时，要在质量相差不多时尽量选购低价的饲料原料；在同等价格的基础上尽量选购性价比最高的饲料原料。同时，由于需求量大，所选用的饲料原料要确保供应充足，对于很多便宜但不能稳定供应的饲料原料要尽量避免选择，频繁更换饲料原料对肉牛的健康和饲料利用都有不利影响。同时，运输半径要尽量短，以避免长途运输造成饲料原料成本大幅上涨。

（三）采用合理的饲喂技术

1. 合理选择饲喂方式　在过去，由于肉牛的精料补充料喂量很小，主要以青粗饲料和糟渣等副产品为主，因此农谚总结出"有料无料，四角拌到""先草后料""先干后湿"的饲喂方式。但在肉牛标准化养殖过程中由于精料补充料的喂量普遍较大，要根据不同的情况采用相应的饲喂方式。研究表明，在采食量接近的情况下，采用全混合日粮的饲喂方式肉牛的采食时间最短，平均可缩短半小时以上，其次为先粗后精，先精后粗的采食时间最长。

对于绝大多数肉牛标准化养殖场建议采用将精料补充料与青粗饲料等各种饲料原料搅拌均匀配制成全混合日粮进行饲喂，即使没有专业设备采用人工混匀也要尽量采用这种方式。在当前招工困难、饲养员文化水平普遍较低的情况，采用全混合日粮饲喂不仅可以节约人工，还可以显著提高饲料利用效率，减少饲料浪费，特别适合大规模肉牛标准化养殖场采用机械化饲喂，其优点已经得到了普遍认可。

对于确实不具备条件进行普通育肥的肉牛标准化养殖场建议沿用传统的饲喂方法，即先喂粗饲料、后喂精料，先喂干料、后喂湿料，也可将精料撒在槽内吃剩的粗饲料上拌匀，使肉牛将草料一同吃完，这种方式在肉牛吊架子阶段和母牛饲养过程中最常用，也是我国农户几千年的经验总结。但对于进行高档肉牛育肥的标准化养殖场，因育肥后期精料补充料的喂量特别大，最好采用先精后粗的饲喂方式。这是为了保证肉牛能够获得足够多的精料补充料采食量，而采食完精料补充料后能够采食的粗饲料量已经很小，只有保证粗饲料的自由采食才能保障肉牛的健康，所以要后喂粗饲料。

2. 更换日粮要有过渡期　肉牛的消化特点主要是依赖瘤胃内数量众多、种类繁多的各种微生物。这些微生物对营养物质的利用有一定的专性范围，一旦日粮类型发生改变，相应的微生物区系也会改变。但这种改变不能一蹴而就，一般需要7天左右的时间才能调整到位。如果日粮变化太快，微生物区系的变化就会跟不上日粮的变化，导致饲料利用效率下降，瘤胃功能紊乱。因此，肉牛标准化养殖要尽量保持日粮类型的相对稳定，包括日粮配方、原料组成、日粮形状、饲喂方式和日粮水分含量等。如果确需改变，必须遵照循序渐进的原则进行。一般采用三三替代法，即每次替换1/3，3天替换1次。如果在精料补充料中添加尿素则需要更长的时间（14～21天）才可达到最大饲喂量，以免引起肉牛急性氨中毒。

3. 确保草料新鲜，采食最大化　农谚说"养牛没有巧，只要水足草料饱"，指出了要想养好牛必须使牛吃饱喝足。我国传统的役用牛饲养由于每户养殖头数很少，且饲料主要以干草和低质的作物秸秆为主，精料补充料一般仅在役用期间和分娩时补饲，而且喂量较少。为了让牛吃饱，避免挑食，饲喂时采取少喂勤添的方式，使牛采食时没有选择性，可将所有适口性好和差的饲料全部采食干净，从而确保吃饱。

在肉牛标准化养殖场中则基本不存在饲料供应不足的问题，而且由于规模大，很难采取少喂勤添的饲喂方式，一般每次投料都很多，这种情况下肉牛就有了选择性，会只采食那些适口性好的饲料，适口性差的特别是作物秸秆类饲料就会剩余，而剩余的饲料肉牛很少会再吃，这就有可能造成肉牛的采食量不足，摄入的营养难以满足最大生长的需要，从而影响增重效果，造成饲料浪费。因此，肉牛标准化养殖场要根据肉牛的体重和平时的采食情况确定每次的适宜饲喂量，确保每次都没有剩料，以保持草料的新鲜和肉牛的最大采食量。

4. 选择适宜的饲喂次数　"每天没有三个饱，很难使牛上油膘"是说传统饲养方法牛每天至少要饲喂3次。"菜不移栽不发，牛无夜草不肥"则是指晚上还需要给牛补饲饲草。但这种饲养方式主要根据传统的以干草和作物秸秆为主的饲养模式总结的。在肉牛标准化养殖场普遍采用高精日粮饲喂条件下，虽然研究也证明饲喂次数越多越好，如根据测试，精饲料分 4 次饲喂比分 2 次饲喂牛瘤胃内 pH 值波动小，更有利于瘤胃消化和增重。但实际生产中大规模饲养的情况下，饲喂次数的增加会大大提高人工成本、劳动强度和设备运行成本，因此目前多数肉牛标准化养殖场都采取早、晚 2 次饲喂的方式。具备条件的肉牛标准化养殖场可以采用全混合日粮日喂 2 次，自由采食，这样既能解决饲喂次数减少导致的瘤胃发酵不均衡，也能提高饲料饲喂和利用效率，饲喂时要确保每次饲喂的日粮全部吃完。不具备条件的养殖场可适当延长每次饲喂的时间。

5. 保持饲槽干净 传统养牛十分注重饲槽干净，"圈干槽净，牛儿没病"和"六净"中都强调了饲槽干净的重要性。这种干净包括两层意思：一是指要保证饲槽的卫生干净，在非全天自由采食的情况下，每次饲喂结束都应将饲槽中的剩料清除干净，防止剩料发霉变质，同时要定期对饲槽消毒。在全天自由采食的情况下也要定期清干饲槽，进行消毒处理，特别是在高温的夏季每天都要清干食槽。二是要尽量保证每次饲喂后牛饲槽中的饲料都能采食干净，以节约饲料，保证饲料的新鲜干净。

6. 保持日粮适宜的水分含量 精料补充料的含水量都很低，一般都在 15% 以下，因此保持日粮的适宜含水量主要是针对大量采食青绿多汁饲料、青贮饲料和全混合日粮的肉牛。青绿饲料和青贮饲料的含水量较高，一般都在 70% 左右，如果肉牛标准化养殖场主要以这些原料为主，则要注意避免表面上肉牛的采食量很高，但由于过高的水分含量使总干物质的采食量不足，这会影响育肥效果或繁殖性能。正常情况下肉用繁殖母牛的干物质采食量为体重的 1.6%～2.2%，育肥牛的干物质采食量为体重的 2.3%～2.6%。而要达到这个目标，一般情况下应控制肉牛每天采食的精料补充料和青粗饲料的平均含水量在 50% 以下。

（四）合理加工调制饲料

1. 提高谷物类饲料利用效率 在肉牛精料补充料中用量最大的

就是能量饲料，通常占精料补充料的 60%～70%。

（1）玉米　能量饲料中使用最普遍的谷物类原料是玉米，因此，如何有效地提高玉米的利用效率始终是肉牛生产中需要关注的重点。国内外为此进行了大量的研究，饲养实验表明玉米磨碎的粗细度不仅影响肉牛的采食量和产肉性能，还显著影响玉米的利用效率和肉牛养殖的成本。以此为基础确定了多种能够提高玉米利用效果的方法，并在生产中进行了大规模的推广应用。目前广泛使用的方法有玉米粒压碎、玉米粒压片、玉米粒湿磨、带轴玉米粉碎、带轴玉米切碎、全株玉米青贮等，将玉米粉碎成玉米面饲喂的方式在国外已经很少使用。

而我国到目前为止，几乎所有的肉牛标准化养殖场对玉米的利用还停留在以玉米面为主要利用形式的阶段。很多养牛场的技术人员都存在着误区，认为玉米籽粒粉碎的越细，饲喂肉牛的效果越好。其实事实正好相反，如表 5-2 所示，从表中可以看出，玉米用辊磨机粗粉碎时牛的采食量、增重和饲料转化率要比细粉碎时高 10 个百分点；用锤片机粗粉碎时牛的采食量、增重和饲料转化率比细粉碎时提高 10～15 个百分点。粉碎过细导致的饲料转化率低主要是因为玉米在瘤胃内被降解的比例提高，而玉米在瘤胃中降解的利用效率远低于在肠道内消化吸收的利用效率，因而玉米的经济性和肉牛的增重都受到不利影响。

表 5-2　玉米不同粉碎细度饲喂牛的效果

项　目	辊磨机		锤片机	
粗细度	粗粉碎	细粉碎	粗粉碎	细粉碎
采食量（%）	100	90	100	85
增　重（%）	100	90	100	90
饲料转化率（%）	100	90	100	85

玉米收获前最好的利用方式是制成青贮饲料玉米饲喂，收获后最好的利用形式是蒸汽压片和湿磨，通过蒸汽压片玉米所含的淀粉受高温高压的作用而发生糊化作用，形成糊精和糖，产生了芳香的气味，适口性大为提高；玉米淀粉的糊化作用还使淀粉的颗粒结构发生变化，其主要消化部位从瘤胃后移到小肠，减少了瘤胃发酵的甲烷损失，淀粉转化率提高；淀粉的颗粒结构还使小肠消化过程中消化酶更易与淀粉颗粒发生反应。以上方式可以使玉米饲料转化率提高 $7\% \sim 10\%$，进而显著提高肉牛的增重效果。

（2）**小麦**　过去由于小麦等其他谷物的价格远高于玉米，因此，除大麦用于高档肉牛育肥外，其他谷物饲料原料很少被用于饲喂肉牛。但最近几年，随着燃料乙醇和玉米深加工业的飞速发展，大量的玉米被用于深加工业，带动玉米的价格持续走高，有些年份已经高于小麦价格。进口大麦的价格也一度低于玉米。在这种情况下开发新的谷物饲料原料就显得十分必要。在猪、禽上的使用经验表明，小麦经过合理加工并添加特定的酶制剂以后完全可以替代玉米。在肉牛进行的饲养试验表明，在价格适宜时使用小麦替代一半以上的玉米对肉牛育肥的效果没有任何负面影响，还可以显著降低饲料成本，并且不需要添加任何酶制剂，在高档肉牛育肥中还可以用于替代大麦。小麦在瘤胃内的降解比玉米快，因此作为肉牛的饲料原料使用时不要加工成小麦粉饲喂，应采用粗破碎的方式，每粒破碎成 $4 \sim 5$ 块即可。

2. 提高青粗饲料利用效率　过去牛的饲料主要以粗饲料为主，精料补充料的喂量很少，农民在实践中发现，将粗饲料充分铡短后饲喂牛，即使不补精料补充料也能使牛上膘，农谚"寸草铡三刀，无料也上膘"就充分说明对粗饲料进行加工调制的重要性。但是不是粗饲料铡的越短越好？其实不然，牛必须保持瘤胃能获得一定长度的粗纤维，否则就会影响瘤胃发酵，导致发病。在过去，由于没有专门的机械，人工铡草特别费时费力，饲草也不可能铡的很短。现在采用机械粉碎的情况下粗饲料铡短的长度可以人为随意控制，要防止粉碎过度影响肉牛的正常反刍和饲料消化利用效率。正常情况下干玉米秸秆、小麦秸等的铡短长度以 0.8～1.0 厘米为宜，优质牧草以 2～3 厘米为宜。

牛采食青草的效果要远远优于采食稻草，农谚有"一千根稻草，比不上一根青草"的说法，充分说明了优质青粗饲料的重要性。在肉牛养殖生产中，如果能将尚处于青绿阶段的作物秸秆或青绿牧草加工制作成青贮，不仅保质时间长，还可大大提高其营养价值和利用效率。随着裹包青贮等技术的成熟，所有的肉牛标准化养殖均可采用青贮技术贮存全年所需的青粗饲料。

（五）保持适量运动

很多肉牛标准化养殖场不知道采用散放饲养还是采用拴系饲养好，其实任何一种饲养方式都有利有弊。从牛的生理特点来言，其天生是适应放牧饲养，因此散养最符合其生理习惯。但经过几千年的人工驯化，肉牛又和野生牛有了很大的区别，在一定条件下能够很好地适应拴系饲养的环境。对于肉牛饲养采用拴系饲养和散放饲养，哪个效果更好一直存在争议，但多数研究表明，在饲养周期较长的情况下采用散放饲养的效果要好于拴系饲养；而对于短期架子牛强度育肥，限制运动的饲喂效果更好。特别是高档肉牛养殖时散放饲养效果明显优于拴系饲养，对于繁殖母牛而言散放饲养的效果要远远优于拴系饲养。

大量的生产实践证明，不运动或运动不足会降低肉牛对气温及其他因素急剧变化的适应力，容易患感冒、消化道和繁殖疾病。繁殖母牛即使采用拴系饲养时也必须保持必要的运动，这是维护牛群健康、提高繁殖性能的重要措施。运动时间和强度视牛群的健康状况和季节灵活掌握，在一般情况下以逍遥运动较为适宜，不宜做剧烈运动，在天气良好的情况下每天自由活动不应少于 8 小时。繁殖母牛标准化养殖场由于饲养的牛数量较多，如果采用拴系饲养，每天都要将牛进行拴系和解开的操作，工作量很大，所以最好采用散养。

对于育肥期较长的肉牛既要有一定的活动量，又要让它的活动受到一定限制。采用长绳拴系的方法，也可采用繁殖母牛的饲养方法，但运动时间每天控制在 4 小时以内。

（六）定期刷拭牛体

农谚中有"刷拭牛体，等于补料"的说法，"六净"中对圈舍和牛体也都提出了明确要求，要求圈干、牛净。刷拭牛体不仅可清除牛体上黏结的粪土、尘土和体外寄生虫等，保持皮肤清洁卫生，做到牛净；还能促进血液循环，改善胃肠消化功能，增强牛的食欲和增重速度，也可增加牛和饲养员的亲和力。刷拭顺序为颈部、背腰部、尻部及尾根，刷拭应在饲喂结束后进行，每天应定时刷拭 2～3 次；并将污垢、脱毛等清除干净。肉牛标准化养殖场由于养殖规模大，逐一进行刷拭牛体工作量很大，特别是在招工日趋困难的情况下严格按照要求刷拭牛体不太现实，可以通过安装自动按摩器解决，但自动按摩器投资太大。通过在运动场建设简易的木桩投资小，简单方便，也可以起到一定的效果。

（七）保证充足的清洁饮水

水占牛体重的 65% 左右，研究表明，牛饮水不足会直接影响其增重和健康，农谚就有"冬牛体质好，饮水不可少""冬牛不患病，饮水不能停"的说法。

肉牛采用自由饮水最为适宜，饮水设备的位置最好设在饲喂通道或排水通畅的地方，以保证溢出的水很快可以排走，不会弄湿牛栏地面。在北方安装自动饮水设备要注意解决冬季防冻问题，最好采用带辅助加热的自动饮水器。不具备自由饮水条件的，每天至少给牛饮 3～4 次水，夏季天热时每天至少饮水 5 次。采用水槽、饲槽一体的牛场，可以每次饲喂结束后在饲槽中保持足量的清洁饮水，直至下次饲喂时再把剩余的水放掉。冬季要注意水温不低于

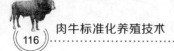
15℃，避免饮冰碴子水，否则容易造成能繁母牛繁殖障碍病，肉牛增重下降。

必须保持饮水的清洁，采用固定水槽的肉牛标准化养殖场应经常更换水槽内的水，并定期清洗消毒水槽。

（八）做好防寒避暑

"牛房牛房，冬暖夏凉""春冷冻死牛""冬冷皮，春冷骨"，这些农谚表明了做好气温交替季节肉牛防寒的重要性。

我国绝大部分肉牛品种相对耐寒不耐热，其生长的最适环境温度为16℃～23℃，如果低于这个温度，肉牛就需要消耗体内存的能量进行御寒，从而影响生长速度，增加饲料消耗和饲养成本。研究表明，当舍内温度低于0℃时肉牛的能量消耗会成倍增加。冬季牛舍保温主要是防风，特别注意穿堂风或贼风的侵袭。冬天开放式和半开放式牛舍可搭塑料薄膜暖棚，起到保温作用，但要留好通风口，避免舍内湿度和氨气浓度过大对牛的健康造成影响。与不恰当的保温相比，氨气等对牛的健康影响更大。饲养规模较小时可将部分精料补充料用开水调成粥状喂牛，对牛保温抗寒、增加采食、提高增重均有明显效果。

牛舍温度过高时，肉牛采食量大幅下降，从而影响肉牛增重和降低饲料利用效率。采用架子牛育肥的肉牛标准化养殖场应尽量避开夏季最炎热的月份购牛。如果采用长期育肥，可在牛舍内安装风扇以加快舍内气流速度，同时尽量控制牛舍内空气相对湿度在80%以下。具备条件的标准化养殖场还可安装喷头，洒水洗浴，使牛体散热。夏季要合理搭配日粮，适当提高能量浓度，增加青饲料的饲喂量，饮足新鲜凉爽的水。

四、采用标准化饲养管理技术

不同生长阶段的肉牛其生理特点和生产目的差别很大，无法用统一的饲养管理技术进行饲养，只有针对不同的时期采取对应的饲养管理措施才能取得良好的饲养效果。

（一）犊牛的饲养管理

犊牛一般是指6月龄以前的牛，也有人将犊牛阶段定义为初生到3月龄。考虑到在自然哺乳条件下犊牛一般5～6月龄断奶，因此，将其定义在6月龄以前比较合适。犊牛的生理特点是需要从母牛环境以奶为主的饲养逐步过渡到以精粗饲料为主。犊牛期又可划分为初生期、犊牛前期和犊牛后期。初生期犊牛消化道发育很不健全，只能以奶和代乳粉为食物。犊牛前期犊牛的消化道特别是瘤胃开始快速发育，逐步具备消化干草和犊牛专用料的能力。到犊牛后期，其消化道已经发育完全，瘤胃已经具备和成年基本相同的消化功能。

1. 犊牛初生期的饲养管理 犊牛出生后1周内为初生期，也称为新生期。犊牛初生期的生理特点是对新的生活环境适应能力差，具体表现在两个方面：一是抗病力差。新生犊牛免疫系统发育不完全，皮肤尚未建立起完善的生理屏障，保护功能差。二是消化功能差。新生犊牛生长发育旺盛，营养代谢强度大，因而需要大量的营养物质，但其前胃功能发育不健全，瘤胃体积只有皱胃的一半大小，且不具备消化功能，只有皱胃和肠道具有消化吸收功能，但胃肠运动及消化腺的分泌能力较差。此期饲养管理的重点是确保犊牛健康。

（1）做好初生犊牛的护理 犊牛出生时如果发生难产，应根据原因采取相应的助产措施。犊牛出生后应首先清除口及鼻部的黏液，以免妨碍呼吸；然后是略微擦拭其体躯上的黏液，并将它放在母牛前面，让母牛自行舔干，这样有利于母牛胎衣的排出。犊牛生后一定要处理好脐带，如脐带已断裂，可在断端用5%碘酊充分消毒，未断时可在距犊牛腹部6～8厘米处用消毒剪刀剪断，然后充分消毒。

（2）**及时足量哺喂初乳**　犊牛初生期最关键的饲养管理措施就是及时地喂足初乳。所谓初乳是指母牛分娩后5～7天（也有的指3～5天）内所分泌的奶，其特点是营养全面、干物质含量高、易消化、酸度高。与常乳相比，初乳的干物质中蛋白质的总含量高4～5倍；白蛋白与免疫球蛋白高几十倍，尤其是免疫球蛋白高100倍左右；乳脂肪多1倍左右；维生素A和维生素D多10倍左右；各种无机盐，尤其是镁盐也较多；初乳中还含有1种溶菌酶和4种蛋白酶抑制素。初乳是帮助初生犊牛渡过自身免疫缺乏时期的最佳物质，它对初生犊牛特殊的作用主要表现为：可提高抵抗病菌感染的能力，可满足快速生长发育的营养需要，还有利于胎粪的排出。

哺喂初乳的时间越早越好，最佳时间为犊牛出生后0.5～1.0小时，最晚不能超过2小时。为了节约饲养成本和人力成本，肉用犊牛最好采用随母自行吮吸的哺乳方法。绝大多数犊牛都能正常自行吮吸初乳，需要人工辅助哺乳的，将犊牛头引到母牛乳房下，把乳汁挤到手上让犊牛舔食，再引至乳头使犊牛学习吮乳。

（3）**人工哺喂初乳**　对于采用奶公犊育肥模式、人工诱导也不能自行吮吸母乳或母牛没有初乳的犊牛，应采用人工方式哺喂初乳。初乳一般使用冷冻保存的其他牛所产的初乳，使用前先用温水浴解冻，饲喂时要保证初乳温度在35℃～38℃。如果温度过低会引起犊牛肠胃功能失调，导致腹泻，严重了还会导致犊牛死亡。温度过高犊牛会拒食，或引起犊牛发生口腔炎症。

初乳第一天的喂量应根据犊牛体重确定，但不能低于4～5千克，以后每天的喂量按体重的1/6左右计算。人工哺乳最好使用带有奶嘴的专用奶壶，饲喂时人工引导犊牛至奶壶，用手指蘸奶先让犊牛吮吸，逐步诱导至奶嘴自行吮吸。对于不能自行吮吸的犊牛可用带有奶嘴的奶壶缓慢哺喂。第一次哺喂时犊牛饮量一般不大，应耐心地在1小时内多喂几次，喂量最好达到1千克以上，4～5小时后再喂1次，此后每6小时哺喂1次，第一天可哺喂4～5次，此后每天哺喂 3 次即可。饲喂初乳的奶壶和奶桶每次使用完毕后都要用 40℃以上开水冲洗干净，并彻底进行消毒。目前，先进的肉牛标准化养殖场已经开始使用仿生自动哺乳系统，可以模拟母牛哺乳的方式给犊牛喂奶。

（4）**供给清洁充足的温水**　初生期的犊牛身体功能发育还很不完善，因此必须供给犊牛 36℃～37℃的温开水。温开水最好能够确保犊牛 24 小时随时都可饮用。不具备条件的肉牛标准化养殖场要在每次喂奶后提供充足的清洁温水，每天饮水次数不能低于 5 次。

（5）**保持干燥舒适的环境**　初生期犊牛自身抵抗力差，最适宜的外界环境温度是 15℃～25℃，加上犊牛出生的时间一般是在天气较冷的秋天和冬、春季节，因此，牛舍一定要做好保温工作，犊牛区最好位于光照良好的南侧。具备条件的肉牛标准化养殖场可以采用红外线灯或暖气进行保暖。由于犊牛的呼吸系统也很脆弱，在保温的同时也要做好通风工作，使牛舍的湿度和氨气浓度都控制在合理的范围内。空气相对湿度一般要求控制在 50%～60%，氨气则可凭经验确定，如果牛舍内能闻到刺鼻的氨味或从犊牛舍出去后还能闻到衣服上的氨味，表明舍内氨气浓度过高，通风不足。在保温和通风发生矛盾时，要首先满足通风而不是保温的需要。犊牛容易受凉和感染细菌性肠道疾病，使用水泥地面的牛床时一定要在犊牛躺卧区域铺上干净的厚垫料，垫草要经常更换，始终保持干净。

2. 犊牛前期的饲养管理

（1）**带犊哺乳**　犊牛初生期结束后至 60 日龄一般称为犊牛前期，此期肉牛最好采用母牛直接带犊哺乳的方法，但要注意检查母牛是否患有乳房炎和布鲁氏菌病等，对于患有乳房炎的母牛不能进行直接哺乳。传统的带犊哺乳都是母牛和犊牛混养，犊牛随时可以自由哺乳。而研究表明，采取母牛和犊牛相对隔离饲养，每天定时哺乳 3～4 次的方法，不仅可以缩短母牛产后发情时间，还可促进母牛泌乳，提高犊牛增重速度。

（2）**人工哺乳**　对于无法跟随母牛吃奶的犊牛及用于育肥的奶公犊，需采用人工哺乳的方式进行饲喂。其方法与犊牛初生期的人工哺乳方法一样，区别是 15 日龄内用带有奶嘴的奶壶让犊牛吮吸或直接经口哺喂，15 日龄后则改用奶桶等容器让牛自行吮吸。犊牛在 30 日龄以内时每天的哺乳量为 6～8 千克，31～60 日龄每天的哺乳量为 8～10 千克，61 日龄以后每天的哺乳量为 11～15 千克；每天哺喂 3～4 次。哺乳天数虽然越长越好，但饲养成本会大幅提高，因此一般人工哺乳的时间最长不超过 90 日龄，一般为 50～60 日龄。

（3）**使用代乳粉**　由于哺喂鲜奶的成本很高，肉牛标准化养殖场很难承担，而使用代乳粉代替鲜奶可大幅降低饲养成本。代乳粉的配方很多，但都要含有全面的蛋白质、脂肪、乳糖、纤维素、维生素、微量元素等，有的还需要添加抗生素。好的代乳粉干物质中蛋白质和脂肪的含量要求不能低于 20%，并且必须使用优质易消化的植物蛋白质和脂肪原料。饲喂时将代乳粉和水混合，其比例要根据代乳粉的营养含量确定，一般为 1∶8，调制好的代乳粉要求干物质含量 16%～17%、粗蛋白质含量 4% 左右、粗脂肪 3.8% 左右、钙 1.8% 左右、磷 1.2% 左右。代乳粉每天的喂量按照干物质计，一般为犊牛体重的 10% 左右，每天哺喂 3 次。

代乳粉在使用时要先用 50℃～60℃ 的温水进行冲调，冬季的水温可稍高一些，但不能用开水，否则会使脂肪和蛋白变性，导致犊牛难以消化。冲调好后降温至 37℃～38℃ 后转移至奶壶或奶桶中进行哺喂。冬季由于气温低，冲调好的代乳粉温度下降很快，要在降温至 40℃ 时即转移至奶壶或奶桶中进行哺喂，这样犊牛吮食温度正好。从哺喂初乳或牛奶转变为代乳粉时犊牛多数很难适应，因此要经历 5 天左右的过渡期，以免突然改变引起犊牛腹泻。方法是从转换的第一天开始，每天用 1/5 的代乳粉代替全乳，经过 5 天即可全部改为代乳奶。

代乳粉参考配方见表 5-3（Drackley，1999）。

表 5-3　代乳粉参考配方　（％）

原　料	配方 1	配方 2	配方 3	配方 4
乳清蛋白浓缩物	44.5	7.0	9.2	–
脱乳糖乳清粉	10.0	10.0	10.0	8.5
乳清粉	25.2	50.8	49.8	46.5
大豆蛋白分离物	–	11.2	–	–
大豆蛋白粉	–	–	15	–
大豆粉	–	–	–	33.8
脂　肪	19.0	19.5	14.5	9.7
预混料	1.3	1.5	1.5	1.5
营养成分含量				
蛋白质	20	20	21	24
脂　肪	20	20	15	10
纤　维	0.15	0.15	0.50	1.00
乳蛋白取代比例	0	50	48	70

（4）采用保姆牛哺育　犊牛前期的饲养还有一种方法，即保姆牛哺育法。此种方法一般仅在两种情况下主动选择使用，一是奶牛或兼用牛所产牛奶的销售效益低于牛奶直接饲喂犊牛所产生的增重效益，二是兼用牛产奶量较高但又不挤奶销售。如果使用得当，该方法效益会非常可观。在母牛产犊后没有奶或拒绝哺乳时则需被动采用保姆牛哺育。奶牛和乳肉兼用牛产量高，比较适合作保姆牛；而多数黄牛和肉牛由于本身产奶量较低，仅能勉强供自身所产犊牛所用，不适合作保姆牛，除非自身所产犊牛死亡。此外，保姆牛要求健康、无病、性情温顺，保姆牛可带的犊牛数量根据每头犊牛每日采食 5 千克左右的牛奶确定。所带犊牛要求体重、年龄尽量接近，并注意使保姆牛逐步接纳犊牛吮奶。

（5）早期补料　初生期过后犊牛的消化系统逐步开始发育，具备消化精粗饲料的能力，但在哺乳时乳汁通过食管沟直接进入犊牛的皱胃消化，瘤胃等得不到有效刺激，而在没有食物刺激的情况下瘤胃的发育速度就会减慢。如果能够早期给予犊牛干草和专用饲料，能起到刺激犊牛瘤胃发育，促进瘤胃微生物菌群早期建立的作用，有利于犊牛尽早实现由以奶或代乳粉为主的营养向完全以饲料为主的营养过渡，还能提高犊牛期和断奶后的生长速度。据测算，犊牛早期补料期间每补饲 1 千克犊牛料就可以获得高达 1 千克左右的增重，即使不考虑母乳因素，饲料增重比也可达到 3：1 左右，效果非常显著。因此，对于母牛带犊哺乳的犊牛要设置专门的犊牛补饲槽，不跟随母牛哺乳的犊牛要设置专门的饲槽和草架。

早期补料最早可从 7～10 日龄开始，开始可仅给予一些优质的青干草任其自由咀嚼，练习采食。15 日龄左右可以开始补饲犊牛专用料。犊牛料的形态最好为粗磨粉状。第一次饲喂时先将犊牛料与温水按照 1：2.5 的比例拌湿，用手涂抹于犊牛的鼻镜、嘴唇或舌头上，以让其逐渐适应犊牛料，直至其能够自行采食。开始每天的喂量为 10～20 克，以后逐渐增加，至 1 月龄时每天喂量达到 100 克左右，2 月龄时每天喂量达到 200～300 克，采取自由采食的方式饲喂。

具备条件的标准化肉牛养殖场可从 21 日龄左右开始补喂少量切碎的胡萝卜或其他瓜菜之类的多汁饲料（20～25 克 / 天），以改善犊牛料的适口性，以后逐渐增加，2 月龄时可达到每天 1.0～1.5千克。从 2 月龄开始每天还可补喂青贮饲料 100～150 克，并逐渐增加喂量。

早期补料不管使用什么饲料原料，都要求必须具有营养浓度高、适口性好和易消化等特点，以兼顾生长发育与消化器官锻炼的需要。其中犊牛料是根据犊牛的消化特点而配制的容易消化吸收的精料补充料，要求粗蛋白质含量保持在 25% 左右，喂量不超过体重的 0.5%。犊牛料参考配方见表 5-4。

（6）饮水　7 日龄到 15 日龄的犊牛最好给予 36℃～37℃ 的温开水，以后随着犊牛消化系统的逐步发育完善，逐渐过渡到常温水，但严格禁止饮冰水。犊牛最好能够做到自由饮水，如果做不到，每天至少要保证3次以上的充足饮水。饮用水必须注意清洁，符合人生活饮用水标准。

表5-4 犊牛前期补饲料参考配方 （%）

饲料原料	配方1	配方2	配方3	配方4
玉　米	35	45	47	42
大　麦	20	—	—	—
麸　皮	—	20	13	15
豆　粕	20	15	17	18
甜菜渣	5	—	—	5
糖　蜜	5	—	3	—
苜蓿草粉	10	17	15	15
预混料	5	5	5	5

（7）去角　对于角型较为明显的肉牛品种，为了便于犊牛断奶后育肥期的管理，减少育肥牛因为打架等造成的伤害，肉牛标准化养殖场应对拟进行育肥的犊牛统一去角。进行高档肉牛育肥的犊牛最好进行去角。犊牛去角的适宜时间为7～30日龄，以15日龄左右最好。去角常用的方法有固体苛性钠（氢氧化钠）法和电烙法。固体苛性钠法应首先用剪刀在角基底部去毛，然后沿着基部涂抹苛性钠，至出现烧伤时停止。用此法去角应避免雨天进行，以防雨水冲洗苛性钠到犊牛脸上或眼睛上，造成烧伤。同时，刚完成去角操作后应避免对犊牛进行哺乳，要等伤口变干后再进行，以防苛性钠烧伤母牛乳房。固体苛性钠法对犊牛的损失较大，操作较为烦琐，目前已基本不再采用。现在普遍采用电烙法去角，并有专门用于去角的电烙器，操作时先将电烙器按规范加热到一定温度，然后牢牢地按压在牛角基部直到将其角基组织损坏。采用电烙法要注意烙的深度不能太深，时间不能过长，以防损伤下层组织，影响犊牛发育。

（8）**运动**　在天气较为寒冷的季节，犊牛出生 7 天后可每天中午随母牛到室外或运动场内自由运动半小时，1 月龄以后犊牛每天的室外运动时间可增加至 1～2 个小时，2 月龄以后即可自由活动。对于不跟随母牛哺乳的犊牛，可将犊牛放在专用的犊牛栏或犊牛岛内，让其自由活动。

（9）**调教**　犊牛 7 日龄后就可以开始对其进行调教，通过调教可使犊牛从小养成一个温顺的性格，不论对于育种工作还是成年后的饲养管理与利用都有很多好处。没经过良好的调教，犊牛会性格怪僻，给测量体尺、称重、育肥等工作带来很大麻烦。犊牛调教的方法很简单，就是严格要求饲养员不得以棍棒打等粗暴方式对待犊牛，要用温和的态度进行管理，要经常刷拭牛体等，时间久了犊牛就能养成温顺的性格。

（10）**刷拭**　对犊牛刷拭牛体从 7 日龄即可开始，刷拭牛体不仅有利于促进犊牛形成温顺的性格，还有利于保持牛体卫生，增加犊牛抗病力，减少应激。犊牛有用舌头舔舐自身被毛的嗜好，容易导致被毛在胃内聚集，堵塞网胃或瓣胃，通过刷拭可有效避免这种现象。刷拭一般为每天早、晚各 1 次，每次 3～5 分钟即可，尽量刷遍全身。刷拭下来的牛毛要及时收走。

（11）**卫生和免疫接种**　要保持犊牛舍的清洁、干燥和卫生，冬季注意保暖，夏季注意通风防暑。牛舍内要使用厚垫草，并经常更换。每月彻底进行牛舍消毒 1 次。具备条件的肉牛标准化养殖场最好对所有犊牛在 1 月龄左右进行牛病毒性腹泻疫苗的接种，可以大幅降低犊牛病毒性腹泻的发病率，提高犊牛成活率。

3. 犊牛后期的饲养管理

（1）**补料和饮水**　犊牛后期的犊牛消化系统发育已经比较完善，特别是采取早期补料的犊牛其消化系统特别是瘤胃的发育与成年牛已经差别不大。因此，犊牛后期对补饲料的质量要求相比前期要降低很多，犊牛料中精料补充料的粗蛋白质含量达到 20% 左右即可。粗饲料已经可以大量使用青贮饲料、酒糟和作物秸秆等，青干草和苜蓿等的喂量逐渐减少。一般要求精料补充料日喂量3月龄达到400~500克，4月龄600~800克，5月龄达到1000克以上。青贮饲料和酒糟日喂量3月龄时2千克左右，4月龄时3千克左右，5月龄4千克左右，青干草和苜蓿自由采食。饮水的要求和犊牛前期一样。此期犊牛料的推荐配方为：玉米50%、麦麸20%、豆粕15%、棉粕10%、添加剂预混料5%。

（2）**适时阉割**　过去传统的肉牛养殖为便于使役的管理，农民一般对非种用的公牛全部进行阉割，以提高其温顺性。而在现代肉牛养殖业中，由于肉牛的功能已经从役用转变为肉用，对于公牛阉割的要求也发生了变化，是否阉割主要根据育肥的目的来选择。由于与阉割后的公牛相比，不阉割的公牛生长速度、饲料报酬和瘦肉比例都要更高，同时阉割还会对犊牛造成一个较大的应激，影响增重。因此，对于主要是为了追求更高的日增重，以生产普通牛肉为主要生产目的绝大多数肉牛标准化养殖场，不需要对公牛阉割。但对于以生产含较高肌内脂肪的大理石状花纹肉为生产目的的肉牛标准化养殖场，在进行高档育肥前必须对公牛进行阉割，否则无法生产出所需牛肉。

高档肉牛育肥的公犊牛阉割的最佳时间没有统一定论。从理论上说阉割的时间应尽量早，这样犊牛的创口小，恢复速度快，应激和造成的损失也就越小。但一些观点认为阉割过早会影响犊牛后期的增重速度和高档部位牛肉的大小，导致结石病的发生率增加。而且如果阉割时间过早，由于犊牛的免疫功能发育还不完善，在强应激下容易感染其他疾病。目前多数研究建议公犊牛的适宜阉割时间为3月龄前后，此时犊牛免疫机能已经发育完善，阉割的应激较小，阉割后恢复速度较快。

阉割最常用的方法有手术法、阉割钳法和药物注射法。手术法是将犊牛保定后用外科手术刀割开阴囊，结扎后摘除睾丸，对阴囊不需缝合。阉割钳法是利用专用的阉割工具夹住阴囊的精索，将其夹断。药物注射法是用注射器将专用药物注入犊牛的睾丸组织，致使其变性、坏死、萎缩，最后被机体吸收。不同的方法各有优缺点，手术法损伤和应激较大，但阉割彻底，恢复时间短；阉割钳法应激和损伤小，但容易造成阉割不彻底，而且恢复时间较长；药物注射法和阉割钳效果类似。从生产实践来看，在犊牛后期月龄越小手术法阉割的效果越好，从事高档肉牛育肥的标准化养殖场普遍采用这种方法。

（3）**适时断奶** 农户饲养肉用繁殖母牛普遍采取自然断奶的方法，有时犊牛10月龄左右仍在哺乳，在不采取早期补料和母牛泌乳能力充足的情况下，这种做法可以降低犊牛饲养成本，使犊牛获得较高的日增重和断奶重；但缺点也非常明显，如不利于犊牛消化器官的生长发育和功能锻炼，会影响育肥期特别是高档育肥时牛的健康、体型和增重。如果母牛泌乳量不足，还会导致犊牛生长受阻。犊牛跟随母牛哺乳时间过长还有可能导致母牛的产后恢复时间延长，产犊间隔增加。因此，肉牛标准化养殖场必须选择合适的时间对犊牛进行断奶。在采用早期补饲的情况下，对犊牛合理地提前断奶不仅能有效克服上述缺点，提高断奶后的平均日增重，还能有效改善饲料报酬，获得较高的经济效益。

对于带犊哺乳并采取早期补料的犊牛，适宜断奶时间为3～4月龄，最长不超过5月龄。对于采用保姆牛法或是人工哺乳法培育的犊牛，适宜断奶时间在不影响犊牛健康的情况下越早越好，一般为2月龄前后。断奶前应逐步加大精料补充料的喂量，随着犊牛采食量的增加逐渐减少牛奶或代乳粉的喂量，当犊牛精料补充料的日采食量达到1千克时即可断奶。断奶后，犊牛精料补充料的采食量会迅速增加，当日采食量达到2千克时即可改为普通的肉牛精料补充料。

（4）**断奶后及时分群** 犊牛由于初生时体重就差异较大，在哺乳期内由于母牛泌乳能力和犊牛个体增重的差异，断奶时体重会相差更大。断奶后如果集中在一起饲养，很容易导致强壮的犊牛日粮采食过多，而弱小的犊牛日粮采食不足，同时不方便管理，难以确定群体每天的适宜日粮喂量。因此，犊牛断奶后应尽快按照犊牛体重、性别、体型和月龄等，遵循相近的原则进行分群，以便于以群为单位进行标准化饲养管理。分群后最好固定专门的饲养员和牛栏进行饲养和管理。

（5）卫生和免疫接种　犊牛后期对舍内保暖的要求相对降低，可以逐步减少垫草的厚度，并逐步过渡到不再铺设垫草。对牛舍清洁、干燥和卫生的要求与犊牛前期一样。每个月要彻底进行牛舍消毒1次。断奶后要对犊牛进行1次彻底的牛结核菌病和布鲁氏菌病的检测，以后定期进行检测，对于发现的阳性病例一律扑杀深埋。对于布鲁氏菌病高发的地区，还可在6月龄左右进行布鲁氏菌病疫苗的接种。4～6月龄时可进行传染性牛鼻气管炎疫苗预防接种。春季和秋季应分别进行口蹄疫疫苗的预防免疫接种。

（二）母牛的饲养管理

母牛过去最主要的用途是繁殖后代，现在则增加了育肥生产牛肉的作用，如日本最著名的但马牛牛肉就是专门利用但马牛母牛进行育肥生产的，对于用于育肥的母牛其饲养管理与其他牛一样，本节主要介绍作为繁殖用的母牛的饲养管理。为了提高肉牛的养殖效益，肉牛标准化养殖场必须有更多的健康犊牛能够用于育肥，这就需要努力提高能繁母牛的繁殖率，尽可能做到1年能繁殖1头犊牛，并保证生下的犊牛体质健壮，成活率高。肉用繁殖母牛从培育、发情、配种、妊娠、产犊、哺乳再到发情配种，是一个完整而各个阶段又相对独立的过程，任何一个环节处理不好，都会影响母牛的繁殖效率。

繁殖母牛饲养管理的整体原则为"三早、三定、三足、三好、七净"。"三早"是指饲养管理人员必须熟悉繁殖母牛的基本情况，随时注意观察母牛的各种表现，对出现的异常情况做到及早发现、及早咨询和及早处理。"三定"是指繁殖母牛要做到定时挤奶（仅指兼用牛或利用奶牛生产牛肉的牛）、定时喂料、定时饮水。"三足"是指要保证繁殖母牛的精料补充料供给充足、辅料足量供给、饮水足量保证。"三好"则指繁殖母牛要运动好、刷拭好、护理好。"七净"与农谚所说的"六净"相似，要保证繁殖母牛有一个干净的环境，做到料净、草净、水净、工具净、圈舍净、槽净、牛体净。

1. 青年母牛的饲养管理 青年母牛是指从 6 月龄到初产之前的母牛阶段，也有人将其定义为 6 月龄到初次配种之前的母牛阶段。青年母牛的生理特点是生长速度较快，抗病力较强，还没有进入繁殖生产，对饲养管理要求相对比较简单，但在营养上由于要满足其生长发育的需要，因此对饲料中营养物质的含量特别是蛋白质要求相对较高。此时期的主要目的是保证青年母牛的健康成长，并在适宜的年龄达到配种体重（约为成年体重的 70%），以便尽早投入繁殖生产。

（1）青年母牛的饲养 青年母牛的饲养根据其生理阶段的不同又划分为断奶到性成熟前、性成熟到妊娠前、妊娠到产犊前三个阶段。

性成熟前：青年母牛在性成熟前要先经历初情期，即初次出现发情和排卵的时期，此时母牛已经初步具备了繁殖能力，但还没有达到性成熟，还不适合进行配种。母牛初情期的时间因品种不同差异很大，早熟品种一般 6～8 月龄，其他品种一般 8～12 月龄。气候和营养水平也影响初情期的时间，我国北方地方黄牛品种初情期一般在 8 月龄左右，南方地方黄牛品种在 6 月龄左右。营养水平高的母牛通常初情期更早。性成熟前的母牛瘤胃发育还没有结束，采食量相对较小，但生长强度大、营养需求量大，因此在饲养上应以满足强烈生长发育的营养需要为主，兼顾满足瘤胃锻炼的需要。在农区舍饲条件下以优质青干草为主时，粗饲料一般占到日粮干物质的 80% 以上，精料补充料占日粮干物质的 20% 以下。如果饲喂低质粗饲料，如小麦秸、玉米秸等，精料补充料比例可提高到 30% 左右。在天然草场放牧条件下，夏、秋季节一般不需要补饲精料补充料，但如果当地某些微量元素缺乏，可通过舔砖等形式予以补充相应的微量元素。在冬、春枯草季节，由于我国大部分草场都难以满足放牧青年母牛的营养需要，加上恶劣天气时往往难以采食牧草，因此，经常需要补饲精料补充料和干草等。

性成熟前青年母牛的精料补充料参考配方为：玉米40%，麦麸29%，豆粕25%，尿素2%，食盐1%，添加剂3%。

性成熟至妊娠前：初情期后母牛的繁殖器官开始快速发育，一般经过2～3个发情周期后性器官即基本发育成熟，此时称为性成熟。母牛到达性成熟的时间通常为8～14月龄，与初情期一样，品种、营养水平和气候是影响母牛性成熟时间早晚的主要因素。青年母牛性成熟后其体型大小已开始接近成年母牛，瘤胃大小基本发育成熟，采食量大，加上此时没有妊娠负担，更无产奶负担，对营养需求较少。同时，此期的重点是要保证青年母牛的体况保持在中等偏上，切忌过肥，否则很容易导致母牛不孕或发情延迟。因而，此期对饲料的质量要求不高，可以大量利用粗饲料。在农区舍饲条件下，粗饲料以优质牧草为主时可占到日粮干物质的90%以上或者全部，精料补充料占日粮干物质的10%以下。如果饲喂低质粗饲料，如小麦秸、玉米秸等，则精料补充料所占比例可占20%左右。

性成熟后的青年母牛精料补充料参考配方为：玉米40%，麦麸32%，尿素2%，食盐1%，添加剂3%。

妊娠至产犊前：青年母牛配种妊娠后，即进入妊娠期。此期根据胎儿的发育情况又可细分为妊娠前期、中期和后期，每期一般为90天左右。

妊娠前期和中期（妊娠期0～180天）是胎儿各组织器官发生和形成的决定性阶段，胚胎发育很快，但生长速度缓慢，对营养的质量需求高、数量少。营养需求仍主要以青年母牛自身增重和维持需要为主，加上在营养不足时母体有优先满足犊牛生长发育所需的生理现象，因此在饲养上与性成熟后到妊娠前的时期相同即可，但要注意适当增加日粮中矿物质和维生素的含量，以保障供给充足。

妊娠后期（妊娠期181～280天左右）胎儿的生长速度逐渐加

快，此期胎儿的增重占胎儿总体重的 75% 以上，需要母体供给大量营养，因此需要的养分急剧增加。在饲养上与妊娠前期和中期有很大区别，除满足青年母牛自身生长发育需要外，还要充分考虑胎儿生长发育的营养需要，适当提高日粮中的精料补充料比例，确保精料补充料的质量和营养含量。高营养含量的精料补充料可以在满足胎儿营养需要的同时适当减小日粮体积，从而可减少母牛采食后瘤胃体积的增加，避免与胎儿竞争空间，确保胎儿的充分生长发育。

头胎牛妊娠后期的精料补充料参考配方为：玉米 50%，麦麸 16%，饼粕类 30%，石粉 2%，食盐 1%，预混料 1%。

（2）青年母牛的管理

①控制适宜的体重　青年母牛对饲料质量要求不高，但也不能太差，应保持日增重在 0.4~0.5 千克左右。营养太差会使母牛生长发育受阻，使初次发情期和适宜配种年龄推迟；营养太好则会导致母牛体况过好，造成乏情、不发情等。在舍饲条件下，一般以粗饲料为主，补充少量精料补充料；在放牧条件下，如果牧草品质优良，不需额外补充精料补充料，如果草场质量很差，同样需要补饲一定量的精料补充料。生产上要求母牛到适宜配种年龄时的体重要达到成年体重的 70% 左右。

②适时进行配种　青年母牛达到适配年龄和体重后即可进行配种。母牛第一次配种的年龄不能过早也不能过晚，过早会影响胎儿的发育，使母牛繁殖年限缩短；过晚会增加母牛配种前的饲养成本，降低养殖的经济效益。母牛的第一次适配年龄一般为 12~16 月龄，主要根据初情期的时间确定，初情期后两个发情期后即为适宜配种月龄。也可根据青年母牛的体重，当其达到成年体重的 70% 左右时即可配种。随着肉牛营养和饲养条件的提高，青年母牛的体重达到成年体重 70% 的时间比原来大幅提前，使初情期后提早配种成为可能。目前已有母牛在初情期后 1~2 个发情周期即配种的相关研究报道，比常规配种时间提前 1~2 个月左右。

③选择合理的运动方式　青年母牛的饲养应因地制宜，既可

舍饲，也可放牧，还可采用放牧加舍饲；既可以白天放牧，晚上舍饲，也可春末至秋初放牧，冬季舍饲；既可拴系饲养，也可散养。由于青年母牛正处于身体生长发育旺盛的时期，充足的光照和适宜的运动可以促进其肌肉和各个器官的发育。因此，舍饲时应设立运动场，以保证青年母牛有充足的光照和运动，如果运动不足，可能会导致母牛乏情或不发情，产后也容易患病，利用年限缩短。具备条件的肉牛标准化养殖场应每天刷拭牛体 1～2 次，每次 5～10 分钟。也可设置自动按摩器或简易的按摩装置。

青年母牛妊娠期的其他管理要求与成年母牛妊娠期的管理要求相同，在下一部分将重点介绍。

2. 成年繁殖母牛的饲养管理 成年母牛是指头胎以后的母牛，一般 24 月龄左右，此时的母牛各种生理功能都已完全发育成熟，体重也基本不再增加。因此，在饲养上主要是满足母牛自身的维持需要、胎儿的营养需要和母牛泌乳的需要，在管理上主要是做好产后的护理、配种和妊娠期的保胎工作。成年母牛的饲养管理根据其妊娠情况又可划分为空怀期、妊娠期、围产期和哺乳期。正常情况下，母牛空怀期就是哺乳前期（产后 45～60 天），而妊娠前期和中期与哺乳中后期重合。

（1）空怀期的饲养管理 空怀期是指母牛产犊后至下一次妊娠之前的时期。空怀期饲养管理的重点是使母牛生殖功能尽早从产后状态恢复到可以配种的状态，并达到正常的体况，为产后发情和配种做好准备。

①空怀期的饲养 空怀母牛的体况要求具有中上等膘情，过瘦过肥都会影响繁殖性能。在日常肉牛养殖中经常出现精料补充料饲喂过多，再加上运动不足，造成母牛过肥、体况过好，结果是产后不发情、发情推迟或受胎率低，在繁殖母牛标准化养殖场中这是最常见到的问题。同样，如果营养供给不足则会使母牛过于瘦弱、体况过差，影响正常的繁殖，对于产奶量较高的母牛比较容易出现这种情况。大量的生产实践和研究表明，只要能在母牛空怀期认真

按照其产奶和维持的营养需要配制和供给日粮，辅以合理的管理措施，就能既保证母牛产后泌乳的营养需要，又能促进母牛产后尽早发情，并显著提高受胎率。

对于膘情差的母牛要在产犊后重点加强营养，提高精料补充料的喂量和营养水平，争取使其在配种前恢复正常体况。对于膘情过好的母牛则要在产犊后严格限制精料补充料的喂量和营养水平，争取使其在配种前降低到正常体况。由于在一定范围内母牛具有在营养不足时能动用体内储备满足产奶需要的调节机制，因此不需要过分担心适当限饲会影响母牛的哺乳能力。但无论在那种情况下都要注意保持日粮微量元素和维生素的充足供给，这是增强母牛体质、提高繁殖功能的重要保障。

空怀期母牛的推荐参考配方为：玉米 34%，豆粕 36%，麦麸 25%，食盐 1%，预混料 4%。

②空怀期的管理　母牛产犊 3 周后就要开始注意观察其发情的情况，一般第一次发情不明显，要仔细观察，此时也不宜配种，仅是为确定下一次发情时间提供参考。母牛产后第二个情期发情和排卵都会恢复正常，此时配种受胎率较高。对正常发情的母牛要及时配种，防止漏配。对于发现发情不正常或不发情的母牛要及时采取相应的治疗措施。繁殖母牛标准化养殖场由于母牛养殖数量多，通过人工观察发情表现需要的人员数量多，劳动强度大，对于隐性发情很容易忽略，效果不好，现在有很多牛场采取产后统一人工诱导同期发情或同期排卵、定时进行输精的方式进行配种，同时用种公牛本交进行补配。同期发情和同期排卵处理的方法很多，有简单的间隔 14 天的两次前列腺素（$PGF_{2\alpha}$）法；产后 50～60 天注射促性腺激素释放激素（GnRH），7 天后同一时间注射 $PGF_{2\alpha}$，48 小时后注射第二次 GnRH，然后过 8 小时进行配种；产后 50～60 天注射 GnRH，7 天后同一时间注射 $PGF_{2\alpha}$，24 小时后注射雌二醇环戊丙酸酯（ECP），48 小时后输精。

在空怀期还要注意保证母牛充足的运动和光照，保持牛舍内舒服的卫生环境。牛舍内通风不良，空气污浊，空气中有害气体含量超标，夏季闷热，冬、春季寒冷、空气湿度过大等恶劣的环境条件都会危害母牛的健康，敏感的母牛很快会停止发情。

（2）**妊娠期的饲养管理**　成年母牛的妊娠期和青年母牛一样，也划分为妊娠前期、妊娠中期和妊娠后期。成年母牛妊娠期的饲养管理与青年母牛没有很大的区别，在饲养上除了要满足本身维持和胎儿生长发育的营养需要外，主要有两点不同，一是成年母牛的体重不再增加，在饲养管理上不需要再考虑提供母牛自身生长发育所需要的营养，二是成年母牛的妊娠期一般是哺乳期，对于哺乳的母牛要满足产奶的营养需要。在管理上主要考虑母牛哺乳的特殊管理要求。

①妊娠期的饲养　妊娠前期母牛要注意保证饲料的全价性和较高的质量，减少棉籽饼粕、菜籽饼粕、酒糟等饲料原料的用量，禁止饲喂变质、发霉、冰冻的饲料，防止引起早期流产等。放牧情况下青草季节可尽量延长放牧时间，一般不需补饲或仅需补饲专用饲料舔砖。枯草季节应根据牧草质量和母牛的营养需要确定补饲的饲草和精料补充料的种类及数量。如果牛长期吃不到优质牧草很容易出现维生素 A 缺乏，需要额外补饲胡萝卜或维生素 A 添加剂，冬季每天每头补喂 0.5～1.0 克胡萝卜素或 0.5～1.0 千克胡萝卜可保证母牛维生素 A 的供给。舍饲条件下营养上要充分考虑母牛产奶的营养需要，但由于此期母牛一般处于产奶量逐渐下降的阶段，因此也要预防精料喂量太大，避免造成产犊前母牛过肥，饲料成本过高。

产奶牛妊娠前期的参考饲料配方为：玉米 65%，麦麸 15%，豆粕 18%，食盐 1%，添加剂 1%。

进入妊娠中后期后，母牛的产奶量已经极低或不再产奶，犊牛也已经断奶，但由于前期母牛哺乳要消耗大量的营养，因此此时母牛膘情一般处于最差的阶段。如果此时饲料营养供应不上，母牛就会被迫动用体内的营养储备以满足胎儿生长发育的需要。由于妊娠后期母牛过于消瘦和体况过差会直接影响产后的发情和产奶性能，以及犊牛出生后的增重。因此，饲喂时除了保证饲料的全价外，应逐步增加精料补充料的补饲量，以使母牛在产犊时能具有较好的体况。由于肉牛的产奶期较短，因此不存在类似奶牛的干奶期，但对于兼用牛应参照奶牛进行饲养。舍饲时要尽量保证青粗饲料的质量，同时依据饲养标准合理搭配精料补充料。日粮以低质秸秆为主时最好搭配 1/3～1/2 的优质豆科牧草。妊娠后期母牛每天的饲喂次数要由妊娠前期的 2～3 次增加到 3～4 次，每次饲喂量不可过多，以免压迫胸腔和腹腔，影响胎儿的生长。自由饮水，水温应控制在 12℃～14℃，严禁给妊娠后期的母牛饮用冰水。

②妊娠期的管理　配种后要注意母牛的安全，妊娠后应做好保胎工作，预防流产或早产。妊娠母牛尽量与其他牛只分开，单独组群饲养。无论舍饲或放牧，都要防止相互挤撞、滑倒、猛跑和转弯过急等，放牧地需平坦。妊娠母牛保胎做到六不：一不混群饲养；二不打，不打冷鞭，不打头、腹部；三不吃，不吃霜、冻、霉烂变质草料；四不饮，不饮冷水、冰水，大汗不饮水，饥饿不饮水；五不赶，吃饱饮足之后不赶，使役不强赶，天气不好不急赶，路滑难走不驱赶，快到牛舍不快赶；六不用，刚配种后不用，临产前不用，产后不用，过饱不用，过饥不用，有病不用。

妊娠后期的母牛行动不便，放牧时容易发生意外，具备条件的肉牛标准化养殖场最好以舍饲为主。舍饲牛要保证其有充分采食青粗饲料的时间，有充足的饮水、光照和运动，每天至少自由活动 3～4 小时，或驱赶运动 1～2 小时。适当的运动可以增强妊娠母牛的体质，增进食欲，保证产后正常发情，预防胎衣不下、难产等。适当的光照有利于维生素 D 的合成。具备条件的肉牛标准化养殖场每天可梳刮牛体 1～2 次，以保持牛体清洁。

母牛的妊娠期平均为 280 天（270～290 天），预产期的推算方法为月减 3，日加 6，或月加 9，日加 6。母牛分娩前 1～2 天会出现"塌胯"现象，舍饲时应及时转入产房，专人护理，注意观察，以保证安全产犊。具备条件的肉牛标准化养殖场可提前 14 天将待产母牛转入产房。产房内要铺上干净的垫料（垫草），并定期更换，以保证牛舍内的卫生。

（3）**围产期的饲养管理** 围产期一般指母牛分娩前2周和分娩2周的时间阶段。在围产期内母牛要经历待产、分娩、开始产奶和哺乳、产后生殖功能恢复等多种急剧的生理变化，此期饲养管理的好坏对母牛的自身健康、产奶量、产后发情时间、配种受胎率、犊牛的断奶重、犊牛的健康和后期生长发育都有十分重要的影响，因此是成年繁殖母牛饲养管理的关键环节。

①围产期的饲养 进入围产期必须对母牛给予精心的饲养，由于产犊前母牛的采食量会明显下降，为了保证分娩后产奶的需要，从分娩前2周就应逐渐增加精料补充料的喂量，至产犊前达到体重的0.5～1.0%。精料补充料中要适当提高能量浓度和蛋白质水平，降低食盐的含量至正常水平的一半左右，不再添加小苏打，适当添加阴离子盐，要确保钙、磷保持适宜的比例和充足的供给，适当提高日粮中维生素的含量。粗饲料要以优质的干草为主，尽量不要饲喂青贮玉米、甜菜渣等鲜绿饲料，适当减少糟渣类饲料的喂量。

母牛分娩后初始食欲较差，体力消耗很大，要及时给予36℃～38℃的麦麸水，麦麸添加量为0.5～1.0千克，食盐100～150克，调成稀粥状供给。饮麦麸水的主要目的是补充母牛消耗的过多水分，维持体内酸碱平衡，防止母牛分娩后因体内损失大量水分，腹内压突然降低和血液集中到内脏产生"临时性贫血"，同时还可以起到暖腹、帮助母牛恢复体力的作用。饮水时要采取少量多次供给的方式，以防造成子宫脱出。除了饮水外，还可以将胎儿的羊水温热后给母牛饮用，可以起到促进胎衣尽早排出脱落的作用。为了帮助排净恶露使产后子宫早日恢复，可给母牛饮热益母草红糖水，具体方法为益母草粉250克，加水1500克，煎成水剂后，加红糖1千克，水3升，温度以40℃～50℃为宜，每天1次，连服2～3天。

母牛产犊后比较虚弱，第1～2天应给母牛饲喂适口性好、容易消化的精料补充料；粗饲料应以易消化吸收、有软便作用的优质青干草为主，自由采食；继续严格控制食盐喂量，以减轻乳房水肿现象。分娩后第3～4天，随着母牛食欲的恢复和产奶量的快速上升，要开始逐渐增喂精料补充料，每天喂量增加0.5～0.8千克，同时要严格控制青贮、块根类饲料的喂量。在产后1周内，每天应饮温水，最好能自由饮水。

②围产期的管理　具备条件的肉牛标准化养殖场在母牛进入围产期后，应立即将母牛转入待产牛舍，不具备条件的养殖场也应将母牛转出，单独管理，并安排专人随时观察母牛的变化。母牛临产前通常会出现阵痛、食欲基本废绝、行为不安、时起时卧、回头望腹等症状，这时就要做好接产准备。初产母牛相对难产率较高，特别是用国外大型纯种肉牛与本地母牛配种时难产率更高，应提前做好接产和助产的准备工作。

母牛顺产时需要准备的用具有手电、毛巾、水盆、水桶、麸皮、红糖、益母草、食盐、温水、碘酊、手术剪等。顺产时的具体方法和步骤如下。

安排值班人员24小时值班，发现母牛出现分娩症状及时上报给技术人员。尽量给母牛创造安静的分娩环境，观察母牛分娩状况，胎儿娩出时，若胎儿头部和两前肢露出阴门之外但羊膜未破裂，可立即撕破羊膜，使胎儿鼻端外露，以防止胎儿窒息；若母牛站立分娩，应用手臂托住胎儿，以防胎儿落地摔伤。胎儿娩出后立即用毛巾清除口、鼻黏液，让母牛舔舐犊牛身上黏液，可有助于母牛胎衣的排出；如出现假死现象，可将犊牛倒提，头部朝下，并拍打犊牛胸部，控出喉部的积液，使犊牛恢复正常的呼吸。犊牛出生后如果脐带未断，在距犊牛腹部6～8厘米处的脐部用力揉搓1～2分钟，然后用消毒剪刀剪断脐带，断端用5%碘酊充分消毒。同时，剥离犊牛蹄底软蹄，以便于犊牛尽早站立。对犊牛进行称重、登记等工作。将红糖、益母草、食盐、麦麸用温水混匀，及时给母牛饮用，以有助于母牛恢复体质和胎衣排出。

如果母牛发生难产，则需要助产，母牛助产时除上述顺产所需用具外，另外还需要准备助产绳、细绳、一次性长臂手套、消毒液（来苏儿等）、肥皂、酒精、镊子、药棉、液状石蜡（或食用油）、高锰酸钾、抗生素等。

助产的具体方法和步骤如下。

首先用细绳将母牛尾巴系于颈部，用 0.1% 高锰酸钾溶液消毒母牛外阴和臀部，助产人员穿戴消毒好的长臂手套检查产道是否狭窄、干燥、水肿、损伤，子宫颈开张程度和骨盆、产道有无肿瘤等，并观察羊水颜色和气味；检查胎儿进入产道的程度（正生或倒生）、胎位、胎向和姿势，以便确定适当的助产方法。胎儿正生时，助产人员将食指伸入胎儿口腔或轻拉舌头或用手指触摸胎儿眼睛；胎儿倒生时，助产人员可将指头伸入胎儿肛门或触摸脐带，如胎儿有吮吸、收缩等反应或有明显的脐带搏动，则证明胎儿存活，助产时要注意保护胎儿。如胎儿已经死亡，助产时可不顾及胎儿的损伤。正生助产时，首先找到胎儿两前腿并将其拉至阴门外，将助产绳系于蹄部（悬蹄上方位置），助产人员双手护于母牛阴门处，注意观察胎儿娩出和母牛阴门情况，助手拖拉助产绳时一定要配合母牛的努责，将胎儿拉出后检查阴门、阴道和子宫等是否有损伤，如损伤及时进行治疗。若胎位不正，可先将胎儿送回子宫腔内，再矫正胎儿的姿势。如出现产道狭窄或干燥，可先注入适量的液状石蜡，以便润滑产道和保护子宫黏膜。拖拉胎儿时切忌强行拉出，应顺势缓慢拉出，以免腹压突降而引起母牛休克或产道损伤。胎儿产出后，应及时清除母牛子宫内的胎衣碎片以及淤血等，并投入适量的抗生素，预防产后感染。其他操作同顺产。

母牛分娩后要随即驱赶母牛站起，以减少出血和防止子宫外脱。要注意观察母牛的乳房、食欲、反刍和粪便，发现异常情况及时治疗。要仔细观察胎衣排出情况，如果胎衣排出，要认真检查胎衣是否完整，胎衣完整排出后用 0.1% 高锰酸钾溶液消毒母牛阴部和臀部，预防细菌感染，防止引起子宫炎症。如果产后 24 小时后胎衣仍未排出或胎衣排出不完整，可用促进子宫收缩的药物如垂体后叶素 100 单位、催产素 8～10 毫升、己烯雌酚 15～20 毫克进行肌内注射。如果 48～72 小时胎衣仍未排出，应采取 10% 高渗浓盐水加抗生素，子宫投药，隔天 1 次，2～3 次/日。母牛分娩后两周内体质仍然较弱，生理功能较差，产道尚未复原，管理上应以恢复体质为主，每天运动量不能太大，更不能剧烈运动。

（4）哺乳前期的饲养管理 哺乳前期也称空怀哺乳期，一般为产犊后 60 天以内。由于肉用母牛完全依靠繁殖犊牛体现养殖的效益，因此空怀哺乳期越短表明母牛的繁殖效率越高，养殖的经济效益也就越好。而超过 90 天就表明繁殖母牛的饲养管理存在较为严重的问题，要尽早查明原因，对症处理，如果不能解决会严重影响母牛养殖的收入。哺乳前期母牛要经历生殖功能从产后恢复到正常发情配种、产奶量从低到产奶高峰两大生理变化，此期饲养管理的好坏对母牛产奶、产后发情、配种受胎、犊牛的断奶重、犊牛的健康和生长发育都有十分重要的影响，也是成年母牛饲养管理的关键时期。哺乳前期母牛饲养管理的主要目的有两个，一个是使母牛尽早产奶，达到并保持较高的产奶量，以满足犊牛生长发育的需要；另一个是帮助母牛生殖功能尽早恢复正常，使其能提早发情和配种。

①哺乳前期的饲养 正常情况下肉用母牛产犊后产奶量会快速上升，至 30～45 天到达产奶高峰，然后产奶量开始逐步下降，而哺乳前期正好处于这一阶段，加上母牛产奶对饲料的质量要求较高，因此对日粮能量、蛋白质、矿物质和维生素的需要量都大幅增加。如果能量和蛋白质不能满足产奶的需要，就会迫使母牛动用体内营养储备用于产奶。母牛长期动用体内的营养储备会导致产奶高峰时产奶量下降，产奶高峰维持时间缩短，即使后期营养供给达到需求也很难再恢复。此外，还会导致母牛体况下降，产后生殖功能恢复期延长，产后发情延迟。如果矿物质和维生素缺乏，很容易引起犊牛生长停滞、腹泻、肺炎和佝偻病等，严重时还会损害母牛的健康。

进入哺乳前期的繁殖母牛身体功能已基本恢复正常，泌乳量开始逐渐上升，在母牛食欲良好、消化正常、恶露排净、乳房生理肿胀消失的情况下，饲料喂量应随产奶量的增加逐渐增加。饲料要尽量保证种类多样，粗饲料质量要好。每日精料补充料喂量的简单计算方法为，除了满足维持需要外，产奶量每增加 3 千克增加 1 千克精料补充料，同时还要根据粗饲料的品质和母牛产后的膘情调整精料补充料的喂量。要特别注意日粮中蛋白质的含量和品质，日粮中粗蛋白质含量不能低于 12%，精料补充料中不能低于 16%。要保证供给母牛充足的钙、磷、微量元素和维生素。饲喂青绿多汁饲料可以促进母牛产奶，有利于母牛产后及时恢复正常发情，要逐渐增加青贮和块根类饲料的喂量，但也要防止糟渣、块根过食，否则会导致母牛消化功能紊乱。

②哺乳前期的管理　对舍饲母牛要做到青粗饲料少给勤添，饲喂次序推荐采用先粗后精或全混合日粮的饲喂方式。正常情况下最好采用母牛带犊哺乳，这是成本最低、饲养效果最好的养殖方式。为了促进母牛的产后早日发情，可以采用母犊隔离、定时哺乳的方式。对于放牧母牛应尽量采用季节性产犊，最好控制母牛在牧草开始返青的春季产犊，这样既可保证母牛能采食足够的优质牧草以保证产奶的需要，犊牛又可跟随母牛放牧提前采食青草，有利于促进犊牛的生长发育。放牧时要根据草场的质量和母牛膘情确定是否夜间补饲，以及补饲日粮的种类和数量。无论舍饲还是放牧都要保证充足的饮水，成年母牛日消耗水约 50 升。其他的管理措施与空怀期相同，要尽量在此期使母牛配种和妊娠。

（5）**哺乳后期的饲养管理**　哺乳后期通常也是妊娠的前期和中期，哺乳的成年母牛妊娠后即进入妊娠哺乳期，直至犊牛断奶结束。肉牛标准化养殖场的犊牛最迟不晚于 6 月龄断奶，采用早期断奶的犊牛一般在 3 月龄左右断奶，因此，哺乳后期的时间跨度从 30 天到 120 天不等。哺乳后期母牛的生理特点是产奶量从高峰开始逐渐下降，然后快速下降，一般到产后 150 天左右产奶量已经很低；

胎儿则从缓慢发育到逐步加快生长；犊牛吮乳量逐渐减少直至断奶。在此期母牛所需要的营养主要是维持母牛正常的体况及满足产奶的需要，胎儿发育所需的营养很少，其饲养管理与妊娠前期和中期完全一样。在饲养上要注意根据母牛产奶量的变化及时调整日粮配方和精料补充料的喂量，要充分保证日粮中矿物质和维生素的平衡与供给充足。在管理上要采取加强运动、刷拭牛体、足量饮水等措施，尽量避免产奶量的急剧下降。

（三）育肥牛的饲养管理

育肥牛是指那些饲养目的是为了屠宰，以满足人们牛肉需求的牛，犊牛、青年牛和成年牛都可以作为育肥牛。最常用的用于育肥的牛是公牛，其次是阉牛和母牛。从牛肉品质而言，阉牛和母牛育肥更适合于生产优质高档牛肉。根据育肥方式的不同，肉牛育肥分为犊牛育肥、持续育肥和架子牛育肥。根据生产目的不同，肉牛育肥可分为普通育肥和优质高档肉牛育肥。犊牛育肥主要是用于生产小白牛肉和小牛肉，其所生产的牛肉属于中高档牛肉，特别是小白牛肉具有蛋白质含量高、脂肪含量低、肉质鲜嫩等特点，其售价要远高于架子牛育肥和普通持续育肥所生产的中低档牛肉。而优质高档肉牛普遍采用持续育肥的方式，其高档部位牛肉的售价是普通牛肉的 10 倍以上。

我国幅员辽阔，各地的肉牛和饲料、环境资源等差异很大，肉牛育肥的饲养方式很多。根据饲养方法可将肉牛育肥分为舍饲育肥、放牧育肥和舍饲加放牧育肥，根据所用饲料原料的不同可将肉牛育肥分为谷饲育肥（以高精料为主）、草饲育肥和草饲加补饲育肥。谷饲育肥以高精料为主，精料补充料的比例一般占到 50% 以上，高的可达 90% 左右；草饲育肥则是完成以饲草进行育肥，不使用精料补充料，但通常使用舔砖。我国当前的肉牛标准化养殖场主要采用舍饲谷物＋青粗饲料育肥的方式。育肥牛养殖的唯一目的就是在保证肉牛健康的前提下，以最小的投入获得最高日增重，因此，在生产中要根据不同牛的生理特点采用相对应的饲养管理措施。

1. 犊牛育肥　犊牛育肥根据生产目的不同又分为小白牛肉生产和小牛肉生产，小白牛肉生产是从犊牛吃完初乳后开始，至 6 月龄以前体重 180 千克左右时屠宰；小牛肉生产是从犊牛断奶后开始，至 10～12 月龄体重 400 千克左右时屠宰。进行小白牛肉生产的犊牛消化功能相对不完善，相对增重速度快，但绝对增重速度慢，抗病能力较弱。生产小牛肉的犊牛各种生理功能已经发育完善，断奶后至周岁前的一段时间犊牛的可塑性很大，生长发育快，饲料报酬高，牛肉品质异常鲜嫩。因此，在犊牛育肥时要根据这种生理特点和育肥目的做好饲养管理工作。

（1）**饲养**　犊牛用于小白牛肉生产时，吃完初乳后即将犊牛与母牛隔离，采用全乳、脱脂乳或代乳粉饲养，不饲喂任何精料补充料和饲草，在饲养过程中可一直使用全乳或脱脂乳，也可完全使用代乳粉，或前期使用全乳或脱脂乳，后期使用代乳粉。使用全乳或脱脂乳的犊牛生长发育速度较快，发病率低，但饲养成本较高，使用代乳粉则相反。使用全乳或脱脂乳时其饲喂方法和一般犊牛的饲养完全一样，每天喂 3～4 次，喂量根据犊牛的体重确定，通常喂量 30 日龄 4～6 千克，31～60 日龄 7～9 千克，61～90 日龄 10～12 千克，91～120 日龄 13～15 千克，121～150 日龄 16～18 千克，151～180 日龄 19～21 千克。使用代乳粉时由于代乳粉的成分含量差异很大，因此需要根据产品说明书进行饲喂。在最初使用代乳粉时为防止犊牛腹泻，第一周最好添加一定量的抗生素（30～50 毫克/千克体重）。犊牛最好自由饮用温水。

用于小牛肉生产的犊牛前期按照一般犊牛的饲养方式进行，一般 3 月龄断奶，断奶后持续采用营养价值高、易消化的精料补充料和柔软的优质饲草饲喂，精料补充料喂量为体重的 1.2%～1.5%，饲草自由采食，要确保日增重不低于每天 1 千克以上。

（2）**管理**　生产小白牛肉的关键是要控制犊牛与泥土、草料、粪便等以及犊牛间的接触，因此犊牛要单栏饲养，设置隔板，防止犊牛之间互相舔舐对方被毛，形成毛球堵塞网胃，导致犊牛死亡；最好使用漏缝地板，以尽量避免犊牛与粪尿的接触，减少发病率。如果没有漏缝地板，则应使用垫料，垫料只能使用锯末等牛不吃的东西，不能使用秸秆或其他饲草，以避免犊牛采食；犊牛的所有围栏和地板材料要尽量使用非金属材料，特别是避免使用含铁的金属材料，每头犊牛的占地面积一般为 $1.5 \sim 2.0$ 米^2。所有的器具特别是奶桶要严格做好消毒，定期对牛舍进行带牛消毒。小牛肉生产的管理措施与普通犊牛和青年牛的管理措施一样，断奶后进行驱虫和注射疫苗，直接进入育肥。

2. 普通持续育肥 普通持续肥育的目的是充分利用肉牛断奶后增重由骨骼生长逐步过渡到以肌肉为主的生理特点，使肉牛始终保持较高的生长速度，在 18 月龄前达到 500 千克左右的出栏体重，以生产蛋白含量高、脂肪含量低、嫩度好的红肉。在我国由于存在大、中、小 3 种不同体型的地方黄牛，因此对出栏体重和出栏时间的要求也与国外不同，对于大中体型的牛肉可参照国外肉牛的出栏时间，而对小体型的南方黄牛则可将出栏时间缩短至 12 月龄、出栏体重 250 千克左右。与小牛肉相比，这种方法生产的牛肉虽然嫩度有所下降，但脂肪含量增加，风味更佳，而且可充分发挥肉牛的产肉潜力。通过普通持续育肥，可大大缩短肉牛的生产周期和出栏时间。在国外肉牛产业发达的国家由于饲草和饲料资源丰富，成本低，而牛肉售价格高，因此大都采用这种持续育肥的方式。

普通持续育肥根据不同时期的饲养管理特点又可分为适应期、育肥前期和育肥后期 3 个不同的阶段。适应期一般为 $15 \sim 30$ 天，其目的主要是让犊牛适应育肥的环境和饲料，起过渡作用。育肥前期是从适应期结束后至 $10 \sim 12$ 月龄，此期肉牛的生理特点是生长以骨骼为主，肌肉为辅，重点是要保证肉牛体型的充分发育。育肥后期是从育肥前期结束后至 18 月龄左右出栏，此期肉牛的生理特点是生长以肌肉为主，骨骼发育为辅，重点是要保证肌肉的充分发育。

（1）**饲养** 适应期内应每天供给优质青干草，逐步增加精料补充料的喂量，并逐步开始加大青贮和糟渣类等饲料的喂量。在饲喂过程中要随时注意观察犊牛的采食及活动情况，如有腹泻、厌食、臌气等异常现象应立即采取相应的处理措施进行对症治疗。

育肥前期为了获得较高的增重速度必须提供含较高能量、蛋白质、钙、磷和维生素 A、维生素 D 的精料补充料，同时饲料中应添加适当比例的食盐、矿物质和小苏打，以及瘤胃调控剂如莫能霉素等。精料补充料饲喂量为牛体重的 1.0%～1.3%，粗蛋白质含量15%～17%，饲喂量每半个月或 1 个月根据体重调整 1 次。采用精粗分开的饲喂方式时精料补充料可以是粉状也可以是颗粒状。与粉料相比，使用颗粒饲料虽然成本略有增加，但能明显提高饲料的利用效率和肉牛的平均日增重。青粗饲料要保证质量优良，饲喂量为牛体重的 1.4%～1.6%（干物质重），饲喂量也需要根据体重每半个月或 1 个月调整 1 次，也可采用自由采食。如使用青贮饲料，由于其含水量较高，最好补充部分干草或干秸秆。对于具备条件的肉牛标准化养殖场采用全混合日粮饲喂效果最好。饲喂次数每天 2～3次均可，但要尽量保证各次采食的时间间隔相对均匀，以最大限度地使瘤胃发酵保持稳定状态。由于 2 次饲喂可以减少劳动强度，而且至今还没有发现对肉牛的增重有显著的不良影响，因此目前在肉牛标准化养殖场普遍应用这种饲喂方式，饲喂时间一般为早晨5～6 时，晚 17～18 时。

育肥后期为了充分发挥肉牛的增重潜力，仍需采用高能量、高蛋白质的饲料，但由于肉牛已过了骨骼生长最快的时期，因此，要适当降低精料补充料中钙、磷和维生素 D 的添加量，蛋白质的含量降低到 14%～16%。精料补充料日喂量可占到牛体重的1.3%～1.5%。粗饲料仍以优质的青干草、青饲料、青贮饲料等为主，粗饲料（干物质）饲喂量占体重的 1.2%～1.5%。

（2）**管理**　入栏前需要对圈舍地面、墙壁用 2% 火碱溶液喷洒，器具用 1% 新洁尔灭溶液或 0.1% 高锰酸钾溶液充分消毒。对于非自繁自养的新购犊牛用 0.3% 过氧乙酸溶液进行体表喷洒消毒，对虱、螨较多的牛再用 2% 敌百虫溶液喷洒驱除。犊牛入栏后第七天统一进行驱虫和健胃，入栏 10 天左右统一接种口蹄疫等疫苗。

肉牛相对耐寒不耐热，在南方要尤其要注意夏季高温、高湿对肉牛的影响。当气温高于 30℃ 以上，应尽可能采用各种防暑降温措施降低牛舍温度，如在牛舍顶部加厚隔热层，并选用良好的保温隔热材料，在运动场设置遮阳棚，加大通风量，牛体淋水、喷雾等。肉牛虽然较为耐寒，但如果牛舍温度过低，会因维持需要的增加而导致饲料消耗增加，增重和经济效益大幅下降，因此在北方要注意做好冬季防寒工作。拴系饲养时要求牛舍内必须采光、排水、通风及保温性能良好，尽量做到冬暖夏凉。当气温低于 4℃ 时，采取适当减小通风量、夜晚封闭门窗等措施进行保温。采用封闭式牛舍时要注意通风换气，确保牛舍内氨气浓度和湿度在规定的范围内，氨气浓度过高和湿度过大对肉牛健康的影响比寒冷更大。氨气浓度过高会导致牛呼吸道疾病，湿度过大不仅会使牛感觉寒冷，还容易导致牛感冒。

普通持续育肥的肉牛要做好适时出栏工作，这是提高养殖经济效益的关键环节。适时出栏的时间主要根据年龄、体重和日增重等确定，大中体型的肉牛年龄不超过 18 月龄，体重达到 400 ～ 600 千克，或者日增重低于 1 千克，南方地方黄牛需要根据实际情况确定。为了确保牛肉的质量安全，出栏前应设置 90 天左右的休药期，禁止使用可能有残留的兽药。这也适用于其他牛的育肥。

3. 架子牛育肥　在我国由于人多、地少、粮少，为了解决与人争粮的问题，自古以来地方黄牛的养殖以作物秸秆等粗料为主，从而创造了独具特色的吊架子技术。而利用吊好架子的牛进行短期强度育肥生产牛肉的方式称为架子牛育肥。采用架子牛育肥技术可以充分利用秸秆等非粮饲料资源，节约精料补充料，做到尽量不与人、单胃动物争粮。

对于什么样的牛才能称为架子牛没有统一的标准。狭义的架子牛仅指利用吊架子技术提供的育肥牛源。其方法是利用断奶后的犊牛，以作物秸秆等廉价、低质粗饲料为主，或完全放牧饲养，使其骨骼发育完成，体重达到 300 千克左右，此时肉牛的肌肉不丰满，脂肪沉积少，达不到屠宰体况。广义的架子牛则指所有骨架较大、体况较差的健康牛，不仅包括直接吊架子的牛，也包括成年的淘汰肉牛和奶牛等。

架子牛育肥主要是利用肉牛的补偿生长能力，在补偿期内肉牛生长速度快、饲养期短、周转快、经济效益高的特点，深受肉牛标准化养殖场的欢迎，成为我国目前肉牛育肥的主要方式。所谓补偿生长是指肉牛在营养条件较差的时候生长受到抑制，当营养条件恢复后在短期内能够获得比正常生长速度更快的增重。但补偿生长的时间较短，而且肉牛很难达到正常饲养时所能达到的最大体重。架子牛的生理特点是各项机能都已经发育完全，采食量大，饲料利用效率高，短期内增重速度极快，在饲养管理过程中要充分利用这一特点。

（1）**架子牛的选购** 架子牛育肥的效益主要来自两个部分，一是买牛和卖牛间的差价，二是育肥期增重的收益。由于买牛时牛的膘情较差，因此一般价格较低，而卖牛时由于经过强度育肥牛的膘情显著改善，因此卖价较高，可以赚取较为可观的差价收入。同时，由于好的架子牛的补偿生长平均日增重可高达 1.5 千克以上，远高于常规肉牛育肥 1 千克左右的日增重，因此能获得更高的收益。但最近几年，随着我国肉牛存栏的下降，已经形成了架子牛单价高于育肥牛的价格现象，使架子牛育肥的效益大幅下降。架子牛育肥成败的关键是必须要选择合适的架子牛。好的架子牛必须具有较差的膘情、较大的增重潜力、健康无病。

①品种和性别 从广义上说，所有品种的牛都可以用作架子牛育肥，以地方黄牛与国外肉牛的杂交后代和肉乳兼用牛最佳，其次

是地方良种牛和淘汰的肉用母牛,最后是乳用公牛和母牛。就性别而言,架子牛育肥最好选择公牛,其次为阉牛,最后为母牛,这是由于在同等饲养情况下公牛的增重速度和饲料报酬都优于阉牛,阉牛又优于母牛。

②年龄 根据肉牛的生长规律架子牛的年龄最好在 2 岁左右。月龄较小的牛虽然其生长速度也较快,但每千克单价通常较高,而且达到出栏体重所需的时间长,资金周转相对较慢,经济效益相对较低。

③膘情 在保证架子牛健康的前提下,应优先选择膘情差的牛,因为膘情越差的牛育肥的补偿生长潜力越大,增重速度越快。由于通常情况下母牛的膘情要比公牛差,因此购进母牛育肥的经济效益有时反而比购买公牛和阉牛高。但选择膘情差的牛需要冒很大的风险,对于没有经验的养殖户尽量不要尝试,只有能分辨出牛膘情差的原因,即能分辨出是因饲养管理原因造成的膘情差,还是疾病原因造成的膘情差时才能进行选购。在选用母牛进行架子牛育肥时,有的养牛场对尚具有繁殖能力的牛进行配种,利用母牛妊娠期的补偿生长效应提高饲料的利用效率和育肥的收益。

④体型外貌 体型外貌是鉴别架子牛健康状况和预测育肥前途的主要途径。架子牛最好具备肉用牛的典型外貌特点,如头短额宽,体躯低垂,皮较松弛,鬐甲宽,肋骨开阔,尻部宽长,腰角宽,体型呈长方形,体型越大越好。上面所说的是肉用架子牛的理想体型,但购入架子牛时要注意结合当地的实际情况。

⑤体重 架子牛的适宜体重根据不同的品种有所区别。在我国南方地区,地方品种黄牛的个体较小,成年体重仅为 200 千克左右,因此架子牛一般要求达到 100 千克以上即可。在北方地区,地方品种和杂交牛的个体都较大,架子牛体重最好在 350 千克以上,最小不能小于 300 千克,否则会导致饲养周期长,育肥效益下降。在市场上购买架子牛时由于称量不便,通常需要根据经验来估测,这就对收购人员提出了很高的要求,一旦估测不准,不但盈利减少,还

有可能亏本。对于没有经验的收购人员，最好采取称重的方法，但要注意剔除过度饮食或饮水的牛，因为这样的牛瘤胃已经受到很大伤害，买入后不仅死亡率高，增重也会受到严重影响。

⑥健康状况　必须选择精神饱满、体质健壮、无疾病的牛。购牛前要逐头检疫，对有传染病或寄生虫病的架子牛不得购入。购回后首先应隔离观察并及时进行驱虫，经过至少2周左右的观察确认无病方可放入育肥群中。发育虽好，但性情暴躁、神经质的牛一般不要购买，这样的牛难于管理。

⑦来源　架子牛应尽量从当地选购，因为当地牛更适应本地气候环境，运输距离短、运输应激小，饲料条件接近、过渡期短，不易引入外地疫病。对于从外地购入架子牛的养殖场在运输过程中要做好保温防暑，夏季尽量避免白天运输，尽量使用肉牛运输车辆和具有肉牛运输经验的司机，长途运输要确保牛在运输途中有充足的饮水。运输前最好补充一些口服补液盐、维生素C和抗应激药物，还要尽量咨询肉牛出售前所使用的饲料特别是粗饲料，以尽量减少饲料变动给牛造成的应激。

（2）架子牛的饲养　架子牛肥育期分为适应期、育肥前期和育肥后期3个阶段。在整个育肥期内应保持较高的精料补充料喂量，精料补充料要求高能量、低蛋白质，日喂量不低于每100千克体重1千克。为降低成本，粗饲料应尽量选用当地量大、价廉的青粗饲料，最好使用青贮玉米等，粗饲料尽量自由采食。白酒糟和啤酒糟是良好的育肥饲料。酒糟中阴离子含量较高，饲喂时应在精料补充料中加入1%左右的小苏打。在糟渣类饲料丰富、价格低廉的地方，有些养牛户大量使用糟渣类饲料进行育肥，仅使用少量精料补充料，虽然牛的增重速度有所下降，但总的经济效益并不差。因此，饲养模式应根据当地的饲料资源灵活掌握。

①适应期　主要有两个目的：一是对牛进行隔离检疫，二是使牛逐渐适应新的饲养环境和饲料条件。适应期的长短可根据牛的来源、应激情况等确定，一般为15天，对于大型肉牛标准化养殖场

由于很难做到全进全出，需要执行严格的防疫制度，适应期可以适当延长至 30 天左右。对刚购进的架子牛必须进行体内外寄生虫驱除和必要的免疫接种，还要进行健胃处理。进场的牛隔离饲养。先自由采食优质粗饲料，粗饲料不要铡得太短，长约 5 厘米最好，尽量不喂或少喂精料补充料，待牛的反刍正常后按照每头牛每天增加 0.5 千克的方法，逐步达到最大饲喂量。

②育肥前期　适应期后架子牛就进入了育肥前期，此时架子牛已完全适应了育肥场的条件，生长速度加快，应逐步增加饲料量，以确保达到预期的增重目标。育肥前期一般不超过 60 天。此期重点是培养架子牛的食欲，使其达到最大采食能力。日粮营养应满足架子牛的营养需要，并保证合理的精粗比。日粮粗蛋白质含量 12%～14%，精料补充料日喂量占体重的 1.0%～1.5%，青粗饲料尽量自由采食，以满足架子牛快速生长的营养需要。

③育肥后期　育肥后期的重点是强度育肥，此期由于补偿生长的重点为沉积脂肪，对蛋白质的需求减少，对能量的需要量增加，因此可将日粮蛋白质水平降低到 10%～12%，以降低饲养成本，适当添加糖蜜、米糠、植物油脂等高能量饲料。为了充分发挥增重潜力，精料补充料的喂量仍应保持在体重的 1.0%～1.5%。为了让牛能够采食大量精料，可适当增加饲喂次数，并保证充足饮水。

（3）架子牛的管理要点　架子牛育肥除了做好肉牛育肥必须做的牛舍消毒、接种疫苗（如果能确认原来接种过相关疫苗且仍处于保护期内可以免于接种）和保持牛体、牛舍卫生等管理措施外，还应额外采取多种管理措施。

①减少架子牛的活动　由于架子牛育肥时间短，为了降低维持消耗，提高肥育效果，增加育肥的收益，应采取小围栏或拴系饲养，拴系饲养时缰绳要短，长度以不影响牛躺卧和采食为宜，尽量减少牛的活动量。牛舍要勤垫草、勤除粪，保持舍内空气清洁。食槽每天清扫，定期对牛舍和食槽进行消毒。饲草要洁净，无砂石、土块、铁钉、塑料布等异物，并不受农药污染。饮水清洁卫生，符

合饮用水标准。

②坚持"五定" 即定时、定量、定料、定位、定人。定时就是每天的饲喂时间要固定；定量就是要求除了根据体重变化定期调整饲喂量外，每天和每顿的精、粗饲料喂量应尽量相同；定料就是要求饲喂方法、草料配方和加工调制方法不要轻易变动；定位就是固定牛床位置，不要轻易变动；定人就是要尽量固定饲养员，在一个饲养周期内尽量不要调换。

③不同季节的管理措施 春、秋季节温度适中，是架子牛生长最为适宜的时期，不需要采取额外的措施。夏季气温高，架子牛的食欲会下降，要注意适当提高日粮的营养含量，适当延长饲喂时间，保证充分的饮水，最好能采取自由饮水。冬季牛的维持消耗增加，为了达到与春、秋季节同样的增重，必须增加饲料喂量或提高日粮能量含量。禁止饲喂冰冻的饲料和饮水。

④准确把握出栏时间 架子牛的育肥期一般为90～120天，根据牛的增重和市场售价灵活掌握。只要市场价格保持稳定，牛能保持1.5千克以上的日增重或饲养成本明显低于增重的收益，育肥时间完全可以延长。同样，一旦日增重低于1千克或饲养成本已经高于增重收益就应考虑尽快出栏。也可通过以下方法判定是否达到出栏要求：一是根据采食量变化判断，当牛食欲降低，采食量持续减少，表明到了出栏时间。如果采食量减少但改变饲养技术后又可恢复，则表明还能继续育肥。二是活体肥度检查，用手触摸牛的胸前、背部、公牛阴囊、母牛乳房等部位，如果感到丰满、充实、具有弹性，表明育肥已完成，可以出栏。

4. 高档肉牛育肥 高档牛肉是指可以制作高档食品的优质牛肉，而通常人们所说的高档牛肉主要特指年龄不超过30月龄，肌纤维间沉积有丰富脂肪如大理石状花纹的牛肉，也称"雪花"牛肉，主要适合用作牛排和铁板烤牛肉，所做食品口感不油腻、不干燥，香味浓郁，鲜嫩可口，有的几乎入口即化。生产高档牛肉是一项难度很大的高新技术，甚至标志着一个国家或地区的肉牛养殖水平，目前国际上公认的最好的雪花牛肉是利用日本但马牛（兵库县出产的日本和牛）生产的雪花牛肉。高档牛肉主要供应高档饭店或出口，价格昂贵，其中雪花牛肉西冷、眼肉等的售价每千克千元以上。

高档肉牛育肥必须充分利用犊牛从 3 月龄一直到出栏过程中不同阶段的不同生理特点。在犊牛期应根据犊牛瘤胃尚未发育完全的生理特点，使其瘤胃尽早得到充分的锻炼，以适应后期的高精料饲养。在青年牛阶段要充分利用其饲料利用效率高、增重快的生理特点，充分利用青粗饲料使其保持适宜的增重速度，以获得最优的眼肌面积，并降低饲养成本。在饲养后期要抓住肉牛脂肪沉积速度加快、肌肉几乎停止生长的生理特点，利用高能量、低蛋白的高精料加快脂肪在肌纤维内的沉积（肌内脂肪），以最大限度的改善肉质，提高产品等级。

（1）高档肉牛育肥应具备的基本条件 要想进行高档肉牛的养殖必须具备能饲养一定规模（200 头以上）、设施完善的育肥场地；要有稳定的饲草、饲料和肉牛来源；要具备专业标准的肉牛屠宰、排酸、分割、保存加工车间和牛肉冷藏运输能力，或与专门化的屠宰企业合作。

（2）育肥牛源的选择 最好选用我国纯种地方良种黄牛如鲁西黄牛、秦川牛、渤海黑牛等，或其与安格斯牛、日本和牛等肉牛品种的杂交后代，利用我国其他的地方黄牛虽然也能生产出大理石状花纹的牛肉，但由于其体型特别是眼肌面积较小，所生产的高档牛肉肉块较小，很难达到做高档牛排的要求，主要适合用于烧烤和涮食。牛的年龄以 3～4 月龄最佳，最大不能超过 6 月龄。要求牛健康无病，发育正常，体躯长，背腰宽平，后躯发育好，整体结构匀称，采食能力强，性情温顺。由于性别对牛肉的脂肪沉积、风味、嫩度和多汁性等方面都有显著影响，因此公牛不能直接用于生产高档牛肉，必须进行阉割，阉割的时间以 3～4 月龄为最佳。母牛虽然生长速度慢，但由于其沉积脂肪的能力强，而且沉积的脂肪分布均匀，更容易生产出高品质的高档牛肉。

（3）育肥准备

①隔离观察 对选用的牛进行15天的隔离，观察其饮食、粪便、反刍是否正常。进行布鲁氏菌病、结核病的检疫，病牛予以淘汰。

②驱虫与健胃 驱虫用敌百虫40毫克/千克体重、左旋咪唑8毫克/千克体重、硫氯酚60毫克/千克体重，一次性灌服。驱虫后3天，灌服健胃散500克/次，每天1次，连服2～3天。

③编号与分群 对每头牛进行编号，可用耳标标记，以方便记录和管理。根据体重、年龄进行合理分群，使每群牛的差异达到最小，以有利于饲养管理。

（4）饲养 肉牛应在规定时间内体重达到600千克左右。高档牛肉的品质和产量与牛的体重密切相关，过大和过低的体重都不符合要求。若宰前活重过小，虽然牛肉的多汁性、大理石状纹理结构和嫩度能达到高档牛肉的要求，但眼肌面积和高档牛肉的产量等级很难达到要求。若体重过大，虽然能生产出更多的高档牛肉，但眼肌面积容易超过制作高档产品的要求，如标准牛排要求厚度1.5～2.0厘米，平均重量200克。根据我国的国情，对于利用体型较小的地方黄牛进行高档育肥的肉牛，可以根据其成年体重确定适宜的出栏体重，一般以达到成年体重的80%～90%为宜。

育肥高档肉牛应采取高能量的平衡日粮和强度育肥技术。在犊牛和青年牛阶段可以采用放牧饲养，但要求牧草品质必须非常优良，能满足肉牛快速生长的需要，我国目前的草场只有很少的地区能符合要求。放牧的牛在出栏前至少要进行不少于150～180天的强度育肥。日粮以精料补充料为主，其所占比例甚至可高达90%以上。育肥期所用饲料必须是品质较好的、对改进牛肉品质有利的饲料，不能使用青绿饲料，也不能使用含高胡萝卜素的精料补充料原料，如用大麦等替代玉米。

我国目前从事高档肉牛养殖的标准化养殖场均采用舍饲育肥的方式。对于这种饲养方式，要根据不同的阶段供给适宜的饲料并保证充足的喂量。3～6月龄，精料补充料的蛋白含量要达到18%以上，代谢能12兆焦/千克左右，喂量为体重的1.0%～1.2%。粗饲料以优质干草、青贮饲料、苜蓿和部分糟渣类饲料搭配饲喂，自由采食。该期结束时控制母牛体重达到160千克左右，阉牛体重达到180千克左右。7～18月龄，精料补充料的蛋白含量要达到14%～16%，代谢能13兆焦/千克左右，喂量为体重的1.2%～1.5%，此期可大量利用优质的青贮饲料、干草、作物秸秆和糟渣类饲料，苜蓿的喂量每天3千克左右，至本期结束时控制母牛和阉牛的体重在500～550千克。18～30月龄，此期要根据牛的膘情确定饲料，如果不能在24月龄左右出栏，则可将上一阶段的饲料配方延续使用，至出栏前6个月时再改换为本阶段的配方。这一阶段要求日粮的粗蛋白质含量在12%～14%，代谢能14～16兆焦/千克，喂量要求达到体重的1.5%以上，粗饲料不能再使用干草、苜蓿和青贮饲料，而应更换为作物秸秆如稻草、小麦秸、干玉米秸等，粗饲料自由采食，但每天的采食量不能过大。在养殖过程中以上各个阶段的年龄划分不是完全固定的，要根据不同品种的肉牛进行适当调整。

由于在高档肉牛中为了确保足够的精料补充料采食，一般不提倡使用全混合日粮的方式饲喂，特别是在育肥后期。在整个饲养过程中禁止在饲料中添加尿素。各种精料补充料的原料如玉米、高粱、大麦、饼粕类、糠麸类等须经仔细检查，不能发霉变质，也不允许生虫或被鼠咬。精料补充料加工不宜过细，呈碎片状为好。优质青粗饲料包括正确调制的青贮玉米秸、晒制的青干草、新鲜的糟渣等。作物秸秆主要选豆秸、干玉米秸、谷草等营养价值较高的粗饲料。但要注意饲料中棉籽饼及含铁高的饲料会使牛肉的颜色加深；胡萝卜、南瓜、青草、黄玉米、红或黄色甘薯等含胡萝卜素和类胡萝卜素较高的饲草会使牛肉中脂肪的颜色变黄。在整个养殖过程中最好采用自由饮水。

（5）**管理** 高档肉牛的养殖周期长，使用精饲料比例高，成本高，因此对标准化管理的要求比其他育肥牛都要高得多。要始终保持牛舍清洁卫生，通风良好。冬季注意保暖，牛舍温度不低于10℃；夏季注意防暑，牛舍温度不高于30℃，空气相对湿度保持在75%以下。每年春、秋季注射口蹄疫疫苗各1次，定期刷拭牛体，在后期要重视牛体按摩。在整个饲养过程中尽量要采用散养，不拴系。对牛床和牛舍通道要特别做好防滑处理。要有良好的称重设施，在尽量减少应激的情况下定期对牛进行称重，以便根据体重变化及时调整精料补充料的喂量和日粮组成。

　　由于高档肉牛每天的饲料成本非常高，加上随着年龄的增长牛肉嫩度会下降，因此当牛的膘情达到要求时要及时出栏。出栏膘情的评定标准为：牛背腰宽平，鸡蛋可以平稳放在上面，背部手摸有波动感，骨结节不明显，阴囊充盈，充满脂肪，肋下手抓脂肪厚度大，后裆向两大腿伸展（俗称开裆），胴体表面脂肪覆盖率达到80%以上。

第六章
肉牛标准化养殖的卫生防疫

一、标准化养殖对卫生防疫的要求

卫生防疫工作不仅是肉牛产业健康发展的保障，还直接关系到人的健康和生命财产安全。养牛场一旦发生重大疫病损失将极为惨重，标准化肉牛养殖场存栏规模大，损失将更为严重，因此，对防疫工作的要求也更高。标准化肉牛养殖场牛群的卫生防疫工作包括疾病预防和治疗两大部分。科学的饲养管理可以有效减少疾病的发生，而疾病的早期预防比疾病发生后进行治疗更具有成本效益和社会效益。"养重于防，防重于治"在生产实际中已经得到了广泛证明。肉牛标准化示范场验收标准中虽然没有将对卫生防疫的要求单独列为一部分，但从必备条件、选址与布局、设施与设备、环境保护要求等五大部分中有 16 个条款都与养殖场的卫生防疫有着直接的关系，其中"具备县级以上畜牧兽医部门颁发的《动物防疫条件合格证》，2 年内无重大疫病和产品质量安全事件发生"更是必备条件。

（一）肉牛养殖对卫生防疫的日常要求

由于疫病的发生涉及病原菌的来源和病原的传播途径，以及肉牛本身的免疫防控和自身抵抗力等多方面因素，因此肉牛标准化养殖场需制定一系列切实可行的措施来预防疾病的发生。在接触性传染病高发的地区尤其必须严格执行准入制度，员工在进、离场时都要更换工作服并消毒，设备、缰绳及来往车辆都要严格消毒。具体要求如下。

①禁止非本场人员和本场非生产人员进入生产区；禁止本场未做好消毒处理的生产人员接触牛群。

②牛场严格实行生产区与生活区隔离，在生产区门口设置消毒池和消毒室，内设紫外线灯、洗手盆等消毒设施。消毒池内应常年装有 2%～4% 烧碱等消毒溶液，下雨后要及时补充消毒液。设立醒目的防疫须知标志，场内工作人员进入生产区之前要经过消毒室清洗并消毒鞋子，消毒药物要根据所要预防的病原菌进行选择。具备条件的养牛场进入牛舍要再次进行消毒、更衣换鞋。

③新引进肉牛必须从非疫区引入，且必须持有法定单位（畜牧兽医主管部门）出具的检疫证明书。

新购入的牛至少要与本场原有肉牛隔离 4 周，确定无传染病后方可合群饲养。隔离期间要密切观察新到牛只的健康情况；隔离牛的饲料、垫草和清理粪便的工具要求专物专用；对新到牛所做的治疗处理应当在对其他牛处理完后再进行。

④每天巡视牛舍，监控肉牛是否有患病症状。发现牛出现患病症状后应及时将其与健康牛隔离，检查确诊后进行合理治疗，直至痊愈才能解除隔离。进行例行巡回检查时要有一定的顺序，通常先检查小牛栏，再检查大牛栏和种牛栏，最后检查有病的牛只。

⑤应在指定地点剖解所有死因不明的牛，以掌握疾病的第一手资料，便于以后进行有针对性的预防和治疗。

⑥禁止在牛场燃放鞭炮和制造其他大的噪声，尽量减少应激来源。

⑦鸟类和鼠类是许多病毒和细菌的携带者，控制牛场鸟类和鼠类等非常重要。牛场内不准养狗和其他畜禽。定期进行灭蚊、蝇工作。

⑧教育员工不可在饲槽和饲料上走动。禁止将市售畜禽及其产

品带入生产区进行清洗、加工等。

⑨定期检疫。每年春、秋两季对所有牛只进行结核病、布鲁氏菌病、副结核病等传染病的检疫。检出阳性或有可疑反应的牛要及时按规定处置。检疫结束后，要及时对牛舍内外及用具等彻底进行大消毒。对一些可控传染病如口蹄疫等要定期免疫。

⑩牛场附近发生烈性或疑似烈性传染病时，应立即采取隔离、紧急消毒和紧急接种疫苗等预防措施，防止疾病的传入。

⑪运牛卡车和工具在装载前后应彻底消毒。每天须清理牛舍、运动场及周围地区的牛粪及其他污物，每季度大扫除、大消毒1次。

⑫饲养员和其他工作人员每年应至少进行1次体检，如发现患有结核病、布鲁氏菌病及其他传染病者，应及时调离，以防互相传染。

⑬牛体内外驱虫。每年春、秋各进行1次疥癣等体表寄生虫的检查；5～9月份焦虫病流行区要定期检查并做好灭蜱工作；10月份对牛群进行1次肝片吸虫等的预防驱虫工作；春季对犊牛群进行球虫的普查和驱虫工作。

⑭定期清理水槽，并进行消毒。饲料贮存区与排水系统要和粪污处理区严格分开。

⑮加强饲养管理，建立和健全合理的饲养管理制度。合理饲养和正确的管理可以提高牛只的抵抗力。尽量贯彻自繁自养原则，以减少疾病的发生和传播，这也是当前肉牛标准化养殖场提高经济效益的重要措施。

（二）发生疫情时对防疫的具体要求

当发生疫情时，要迅速采取一系列的紧急预防和控制措施，避免疫病的恶性发展。具体措施如下。

1. 及早确诊，及时报告疫情　当牛场同时发现多头牛发生相似症状的疾病，首先应怀疑为传染病，须立即组成防疫小组，尽快做出确切诊断。越早查明病因或消灭传染来源，就越能防止传染病的蔓延。因此，做好早期快速诊断对疾病预防有重要意义。

怀疑为传染病的，应同时迅速向有关畜牧兽医主管部门报告疫情详细情况，特别是对可疑为口蹄疫、炭疽、牛瘟等一类疫病的，必须要立即上报。报告内容应详细，包括病牛种类、发病时间和地点、发病头数、死亡头数、临床症状、剖检病变、初诊病名及已采取的防制措施。必要时应通报邻近地区，以便共同防治，防止疫病扩散。

2. 迅速隔离病牛 对所有牛只逐头进行临床检查，必要时可进行血清学和变态反应等特异性检查，以便及早发现潜在感染而未表现出临床症状的病牛。根据检查结果，可将受检牛分为病牛、可疑病牛和假定健康牛等三群，分别进行隔离。在隔离的同时对污染的地方进行紧急消毒。

及时隔离病牛和可疑病牛的目的是为了控制传染来源，把疫情限制在最小范围内，以便就地消灭。隔离期间应随时观察诊断，必要时给予对症治疗。对隔离的病牛要安排专人饲养和护理，使用专用的饲养用具，禁止接触健康牛群。

隔离病牛的期限要依据传染病的性质和潜伏期的长短而定。一般急性传染病隔离的时间较短，慢性传染病隔离的时间较长。此外，还应根据各种传染病痊愈后带菌（毒）的时间不同，来决定病畜隔离期限。

3. 封锁疫区，紧急预防接种 封锁和紧急预防接种是为了防止传染病由疫区向安全区传播所采取的一种紧急措施。根据《中华人民共和国动物防疫法》（以下简称《动物防疫法》）的规定，当发生严重的或当地新发现的畜禽传染病时，畜牧兽医人员应立即报请当地人民政府，划定疫区范围，进行封锁。建立封锁区域后，要对出入封锁区域的人员和车辆严格消毒，同时严格消毒被污染的环境和用具。

封锁区的划分，必须根据该病的流行规律、当时疫情流行情况和当地的具体条件充分研究确定疫点、疫区和受威胁区。执行封锁应根据"早、快、严、小"的原则，即报告疫情要早，行动要快，封锁要严，范围要小，这是我国多年实践总结出来的经验。对病牛及封锁区内的牛只实行合理的综合防制措施，包括疫苗的紧急接种、抗生素疗法、高免血清的特异性疗法、化学疗法、增强体质和生理功能的辅助疗法等。对布鲁氏菌病、结核病等尚没有非常有效疫苗预防的人畜共患传染病采用"检疫—扑杀"等措施。

只有当疫情完全解除后，才能解除封锁。解除封锁的具体标准是在最后 1 头病牛痊愈或宰杀后 2 个潜伏期内再无新病例出现，经过全面大消毒，报上级畜牧兽医主管部门批准后，方可解除封锁。疫区解除封锁后，患传染性疾病的病愈牛须控制在原疫区范围内活动，不能将其调入安全区。

4. 妥善处理病死畜 病死牛尸体要严格按照防疫条例进行处置，患传染病的死亡病牛的尸体要按防疫法规定进行无害化处理销毁，一般采用火烧或深埋等方式。对于非传染性疫病导致的严重病牛及无治疗价值的病牛应及时淘汰处理。

5. 全面彻底消毒 疫情解除后，对病牛所在牛舍及其活动过的场所、接触过的用具进行严格消毒。被病牛污染的饲料经消毒后销毁。病牛排出的粪便应集中到指定地点堆积发酵和消毒。同时对整个牛场进行彻底消毒。

二、疾病控制的现状与存在的问题

新中国成立以来，我国先后消灭了牛瘟和牛肺疫，对口蹄疫、布鲁氏菌病、结核病等也采取了有效的检测和控制措施，为保护养牛业健康发展，保护人体健康做出了巨大的贡献。但是，我国动物卫生防疫工作还存在不少问题，尤其是在当今社会，人们交往密切，国内外贸易频繁，动物及其产品在世界范围内广泛流通，加上野生动物远距离迁徙、肉牛的千家万户养殖等，都给肉牛疾病的防治造成了极大困难，致使老的疫病尚未消灭，新的疫病又不断发生。

（一）肉牛来源过于分散

改革开放以后，随着农业机械化的推广应用，我国农村逐步由一家一户一耕牛的状态过渡到了以小型农耕机械为主，虽然肉牛标准化规模养殖有了长足发展，但并没有彻底改变肉牛特别是繁殖母牛饲养以农村千家万户为主导的状况。这就迫使肉牛标准化养殖场不得不从农户或交易市场上收购架子牛进行育肥，真正能实行自繁自育或从专门化繁殖母牛养殖场购入的极少。主要原因是母牛养殖周期长，根本原因还是养殖的比较效益低。而购买犊牛或架子牛进行集中育肥后销售，牛只周转快，效益高，因此标准化养殖场不愿从事繁殖母牛的养殖。但这种分散养殖的方式生产过程难以监控，养牛场（户）随意性大。饲料、药物、添加剂的使用，免疫程序的制定，排泄物的处理，饲养管理等多方面均难以达标，主动免疫意识不强，无法按照免疫程序做到百分之百免疫。这就造成肉牛标准化养殖场购入牛的免疫情况不清楚，加上不能采用全进全出的育肥方式，需要频繁购入架子牛，新购进的牛隔离饲养周期短甚至不隔离，容易导致一些传染病的传播。

（二）肉牛养殖场布局不合理

我国肉牛产业起步晚，肉牛养殖标准化、规模化和集约化程度低，肉牛养殖场规模小，功能混杂的现象非常普遍，有的养牛场甚至多种畜禽混养。众多肉牛养殖场还存在职工生活区与肉牛养殖区相邻甚至混杂在一起的情况，生产区基本成为全开放式，全封闭式管理更无从谈起。有些肉牛养殖场内同时饲养猪、鸡等多种畜禽，除影响人的居住环境卫生外，还会导致共患传染病的交叉传播。

许多肉牛标准化养殖场空间不足，牛舍与牛舍之间隔离间距不足，肉牛养殖密度过大。高密度饲养会使肉牛内外环境条件非常恶劣，除导致肉牛行为表达异常，出现咬癖、斗癖、肢蹄病增加等外，还会使牛的自身免疫力低下，与肉牛有关的病毒、细菌等就容易感染肉牛群。同时，高密度饲养产生大量粪尿、臭气、噪声等污染，也会引发各种疾病的流行。生产实践表明，各种重大疫病的发生与高密度饲养方式、恶劣的生存条件密切相关。

（三）疫病不能准确、快速诊断

我国多数基层畜牧兽医站和肉牛标准化养殖场兽医设施落后，条件简陋，除简单的体温计、听诊器、注射器、保温箱、消毒喷雾器外，没有比较先进的疫病监测诊断设备。基层畜牧兽医站专业从事肉牛等家畜疫病诊断的技术人才极为缺乏，很多肉牛标准化养殖场没有兽医专业人员，也不聘请兽医进行指导，无法保证动物重大疫病防疫和诊断工作的需要。

近年来的送检病料检测和走访调查表明，目前肉牛养殖场发生的疫病多为消化系统和呼吸道系统传染病，多发于长途运输后或气温突变等情况。实验室诊断发现，这些传染病很少为单一感染，多数为由多病原菌引起的混合感染。多种病毒和细菌的混合感染使得临床症状非常复杂，在没有实验室协同分离诊断的情况下诊治困难重重，兽医单凭经验已很难对病原菌和致病原因进行准确定论。由于缺乏监控意识和有效的检测手段，不能将临床和实验室诊断有机结合，在生产中经常导致误诊。由于不能做出准确快速的诊断，就不能对疫病做出有效的防范和及时预报，容易造成病情蔓延。

许多肉牛养殖场只顾眼前利益，认为实验室的建设和运行成本高，无法看到直接的经济效益或经济效益不明显，因此不舍得花钱建立实验室和聘用专业的技术人员，兽医临床诊断完全依靠感性判断和以往的经验。当前从事肉牛疫病防治的兽医人员严重缺乏，许多新建肉牛养殖场只能聘请新毕业的学生或非专业的兽医主事，这些人临床经验不足，很容易造成误诊，延误疫病控制的最佳时机。同时，多数肉牛养殖场对预防兽医缺乏了解，疾病档案、疫病诊断记录等多数是为了应付检查，资料普遍不齐全，无法对疫病危险及时做出预报和快速诊断，更不用说制定对策，一旦疫病来临就会束手无策，只好使用大量抗生素来控制。由于抗生素等的长期大量使用，再加上疫苗质量以及保存和使用不当等因素，造成一些疾病长期难以有效控制。药物残留对人类和肉产品安全的威胁、对环境的污染等也使肉牛养殖场面临更多的困境。

（四）内外寄生虫感染情况严重

目前肉牛标准化养殖场为了提高育肥效果多采用舍饲拴系饲养，在强度育肥的情况下这种情况更为普遍。北方地区冬季为了保温，很多采用塑料暖棚或密闭式牛舍养牛；南方地区则经常面临高温高湿环境，由于牛舍设计和管理不合理，经常导致牛舍内湿度过高，再加上通风不良，很容易诱发牛群发生疥癣等寄生虫病。牛群一旦发生疥癣病会传染很快，而根除很难。有的区域肉牛养殖场靠近山区，往往蜱虫滋生，导致焦虫病高发。有的养牛场水源或饲料受到污染，导致肉牛感染绦虫和肝片吸虫。

（五）疫病管理措施不严

肉牛标准化养殖场有些食堂随意在市场采购肉类；有些则是员工随意回家吃饭休息，有些兽医人员还兼职服务一些养牛户的兽医工作，甚至从事饲料和药品公司的推销工作等。很多肉牛标准化养殖场未实行封闭式管理，人员随意出入，防疫条件不健全，疾病防范意识缺乏。有的肉牛养殖场根本没有隔离设施或有也不使用，对引入的肉牛不进行隔离观察，直接进入生产区投入生产。多数养牛场没有必要的实验室设备，无法开展免疫效果检测、药物敏感性试验等，更谈不上进行病原的有效检测。有些肉牛养殖场把引进的后备肉牛和育肥肉牛放在一起饲养，这样引入的后备肉牛如果自身带毒或者在运输过程感染带毒，那么肉牛场迟早会暴发疾病。有些肉牛养殖场防疫人员频繁更换，没有疾病档案和疫病诊断等记录，或记录不全，无法对疫病危险及时做出预报，造成疫病来临时束手无策。

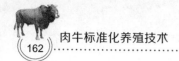

（六）动物防疫水平有待加强

最近几年，国家虽然高度重视动物防疫工作，多数农村都设立了基层动物防疫员，对口蹄疫等主要疫病进行免费接种，使动物防疫水平有了极大提高。但与国外相比，我国的动物防疫整体水平不高，人员业务素质相对较低。肉牛标准化养殖场在体制运行、生产管理、防疫措施等方面存在技术滞后、信息不灵、疾病缺乏有效监控手段等问题，使得疾病无法有效控制，经常造成较大的经济损失。

规模化养殖带来的疫病越来越多，在缺乏专业人才和技术手段的情况下，人们为了对付日益增加的疫病广泛利用免疫来预防疾病的发生和传播，但由于免疫接种与时间随意性大，程序混乱，其结果却是造成免疫的病种不断增加，疫（菌）苗越用越多，免疫效果欠佳。

在近年来的疾病监测中发现，布鲁氏杆菌病、结核杆菌病、炭疽病等人畜共患病时有发生，成为威胁人、畜安全的严重问题。由于这些疾病发生只能采取彻底扑杀的措施，防疫难度很大。口蹄疫病毒亚型较多，病毒很容易变异，发病无规律性，防控难度也越来越大。

三、实现标准化的措施和方法

（一）疾病防治的基本原则

1. 坚持"预防为主"的防疫方针　严格执行《动物防疫法》等兽医法规，搞好肉牛的饲养管理、防疫卫生、预防接种、检疫、隔离、消毒等综合防疫措施，提高肉牛的健康水平和抗病力，控制和杜绝肉牛传染病的传播，降低肉牛的发病率和死亡率。

2. 认清疫病发生的三环节，采取针对性措施　肉牛疫病的发生和流行必备条件是传染源、传播途径及易感动物相互联系而形成的。因此，预防和扑灭疫病也应从以上三个环节入手，平时应做好疫情调查，定期对牛群进行必要的检疫；因病死亡的牛尸体必须进行无菌化处理，以消灭传染源；根据疫病的种类和性质，采取措施，切断疫病的传播途径。加强饲养管理，提高肉牛的抵抗力。

3. 及时开展肉牛健康检查　肉牛标准化养殖场应加强日常检查和检疫，尤其是要加强对新购入牛的检查，防止将病牛引进牛场；要定期开展肉牛全群的健康检查，确保牛只健康。

4. 消毒、灭鼠和杀虫　切实做好消毒工作，在消毒时要统筹安排做好预防性消毒、随时消毒和终末消毒。鼠类是多种肉牛传染性疾病的传播媒介和传染源，肉牛标准化养殖场应坚持做实灭鼠措施。对养殖场周围的蚊、蝇等昆虫可根据不同的条件与目的，分别采用物理或化学药物的方法进行驱杀。

5. 免疫接种和药物预防　有计划地进行免疫接种是预防和控制传染病的一项重要措施，在一些肉牛传染病如口蹄疫等防治过程中，免疫接种具有重要作用。药物预防主要方式有饲料或饮水中添加预防剂量的药物进行集体预防，使受威胁的易感动物在一定的时间内不受传染病的危害，这也是预防和控制传染病的有效措施之一。在肉牛养殖中，要注意不能使用违禁药物，使用药物需要严格执行休药期。

（二）疾病综合防控措施和方法

1. 合理布局　牛场在场址选择、布局、设施方面必须符合动物防疫要求，场址地势要高燥、平坦，未被污染且没有发生过任何动物传染病和人畜共患传染病，既要远离居民区又要交通方便；场区要整洁，有必要的兽医室、消毒室、消毒池、隔离圈舍等设施。

2. 强化管理　主要采用封闭饲养。对外来人员、车辆及用品进行严格检查和消毒。对内部人员进行强化训练，提高防疫意识和防治知识，牢固树立"预防为主、防重于治"的思想，把防疫工作从始至终当成头等大事来抓。严格消毒制度，各负其责，不要串岗，不要从家里带入食物。对新引进的牛要严格隔离饲养消毒至少4周。

3. 建立合理的免疫体系　树立"预防为主、计划免疫"的理念，变过去得病后再治疗为预防为主，变被动治疗为主动防疫。制定合理科学的免疫接种计划，消灭场内已有病原，防止新疫病传入。具体分以下4个方面：一是肉牛标准化养殖场要根据当地情况、肉牛群健康状况以及疫病流行情况和牛只抗体水平，制定合理、有效的免疫措施和免疫程序，及时进行动物疫病的预防接种工作。二是要实行动物免疫标识管理制度，凡按国家规定实行强制免疫的动物疫病，对免疫过的肉牛加挂免疫耳标，并建立免疫档案。三是严格依据计划进行接种和监测。四是严格按照疫苗说明书的要求保存疫苗，严禁使用过期、破损、变质的疫苗。同时，要注意接种方法的正确性、疫苗类别、使用范围和剂量，必须做到1牛1针。只有做到预防接种和紧急接种的统一、随机和计划的统一，才能有效发挥这一体系的作用。肉牛主要传染病免疫程序可参考表6-1。

表6-1　肉牛主要传染病免疫程序

预防疾病名称	疫苗种类	免疫时间及方法	免疫期
牛口蹄疫	O型－亚洲I型二价灭活疫苗；部分地区需A型灭活疫苗	4～5月龄首免，以后每隔6个月免疫1次；皮下或肌内注射	6个月
牛气肿疽	牛气肿疽灭活疫苗	1～2月龄；皮下或肌内注射	1年
牛巴氏杆菌病	牛巴氏杆菌灭活疫苗	5月龄可免疫，每年免疫1次；皮下或肌内注射	9个月至1年
牛炭疽	无毒炭疽芽孢苗、II号炭疽芽孢苗；炭疽芽孢氢氧化铝佐剂疫苗	每年10月份免疫，对象为1周以上牛，翌年3～4月份为补注期；皮下或肌内注射	1年

4. 依靠科学实时监测牛的健康状况　完整的、准确的实验室检测和监测是疫病防治的科学武器。标准化肉牛养殖场要积极创造条件，开展免疫监测、消毒药剂选择及免疫效果监测、药物敏感性实验、病原监测和净化等。通过监测检查，针对本地情况和实验室监测结果来调整全场饲养制度和免疫预防措施，这个工作应是肉牛标准化养殖场工作的重点。实验室检测和监测是疫病防治的有效手段，只有通过准确的疾病诊断才能为防疫提供有力的科学依据。大型的肉牛标准化养殖场建立实验室检测体系的建设势在必行，实验室必须具备免疫抗体水平的监测、指导免疫程序和计划、药物敏感性实验等能力，以正确指导药物的合理有效使用和疾病的净化。

5. 合理使用抗生素　抗生素在控制肉牛的疾病感染等方面具有重要意义，但由于药不对症、不合理配伍、大剂量长时间等不合理致使很多细菌产生耐药性，导致治疗无效和药物残留，直接危害人类健康。在目前肉牛标准化养殖场还不能对所有疾病都提供有效的预防措施时，群体药物预防和治疗作为肉牛群保健是必不可少的手段之一，因此抗生素的应用必须特别注意。要制定完整的各类肉牛群保健程序，掌握适应证、选好给药途径、用药剂量要准确。同时，要注意观察，及时修改方案，防止耐药性产生，控制耐药菌的传播；也要防止影响免疫反应，严格控制停药期。具备条件的肉牛标准化养殖场要进行药敏实验，注意配伍禁忌。要有针对性的补饲维生素、氨基酸，满足和增强机体抗病力。我国肉牛饲养中允许使用的抗菌药见表6-2。

表6-2　肉牛饲养允许使用的抗菌药及使用规定

药品名称	制　剂	用法与用量（用量以有效成分计）	休药期（天）
氨苄西林钠	注射用粉针	肌内、静脉注射，一次量10～20毫克/千克体重，2～3次/日，连用2～3日	不少于28天
	注射液	皮下或肌内注射，一次量5～7毫克/千克体重	21

续表 6-2

药品名称	制 剂	用法与用量（用量以有效成分计）	休药期（天）
苄星青霉素	注射用粉针	肌内注射，一次量 2 万～3 万单位 / 千克体重，必要时 3～4 日重复 1 次	4
青霉素钾（钠）	注射用粉针	肌内注射，一次量 1 万～2 万单位 / 千克体重，2～3 次 / 日，连用 2～3 日	0
硫酸小檗碱	注射液	肌内注射，一次量 0.15～0.40 克	0
	粉剂	内服，一次量 3～5 克	
恩诺沙星	注射液	肌内注射，一次量 2.5 毫克 / 千克体重，1～2 次 / 日，连用 2～3 日	14
乳糖酸红霉素	注射用粉针	静脉注射，一次量 3～5 毫克 / 千克体重，2 次 / 日，连用 2～3 日	21
土霉素	注射液（长效）	肌内注射，一次量 10～20 毫克 / 千克体重	28
盐酸土霉素	注射用粉针	静脉注射，一次量 5～10 毫克 / 千克体重，2 次 / 日，连用 2～3 日	8
普鲁卡因青霉素	注射用粉针	肌内注射，一次量 1 万～2 万单位 / 千克体重，1 次 / 日，连用 2～3 日	10
硫酸链霉素	注射用粉针	肌内注射，一次量 10～15 毫克 / 千克体重，2 次 / 日，连用 2～3 日	18
磺胺嘧啶	片剂	内服，一次量，首次量 0.14～0.20 克 / 千克体重，维持量 0.07～0.10 克 / 千克体重，2 次 / 日，连用 3～5 日	28
磺胺嘧啶钠	注射液	静脉注射，一次量 0.05～0.10 克 / 千克，1～2 次 / 日，连用 2～3 日	10
复方磺胺嘧啶钠	注射液	肌内注射，一次量 20～30 毫克 / 千克体重以磺胺嘧啶计，1～2 次 / 日，连用 2～3 日	28
磺胺二甲嘧啶	片剂	内服，一次量，首次量 0.14～0.20 克 / 千克体重，维持量 0.07～0.10 克 / 千克体重，1～2 次 / 日，连用 3～5 日	10
磺胺二甲嘧啶钠	注射液	静脉注射，一次量 0.05～0.10 克 / 千克体重，1～2 次 / 日，连用 2～3 日	28

6. 按寄生虫控制程序进行驱虫　驱虫是预防和治疗寄生虫病，消灭病原寄生虫，减少或预防病原扩散的有效措施。选择驱虫药应遵循高效、低毒、广谱、低残留和价廉的原则。目前，常用的驱虫药有伊维菌素、阿维菌素、左旋咪唑、丙硫苯咪唑等。驱虫时，要严格按照药物说明书规定的剂量、给药方法和注意事项等。推荐使用以下驱虫程序：3 月份丙硫苯咪唑口服，驱杀体内由越冬幼虫发育而成的线虫、吸虫及绦成虫；5 月份氨丙啉和磺胺喹噁啉口服，预防夏季球虫病发生；6 月份定期用溴氰菊酯等药液喷雾以驱杀蚊、蝇，进行环境消毒；7 月份丙硫苯咪唑口服，防治夏季线虫、吸虫和绦虫感染；10 月份阿维菌素注射、口服或瘤胃投控释丸，预防当年 10 月份至翌年 3 月份的牛疥癣、虱等外寄生虫病的发生，同时可驱杀牛体当年繁殖的幼虫、成虫。肉牛饲养中允许使用的抗寄生虫药见表 6-3。

表 6-3　肉牛饲养允许使用的抗寄生虫药及使用规定

药品名称	制　剂	用法与用量（用量以有效成分计）	休药期（天）
阿苯达唑	片剂	内服，一次量 10～15 毫克 / 千克体重	14
双甲脒	溶液	药浴、喷洒、涂擦、配成 0.025%～0.05% 的溶液	21
青蒿琥酯	片剂	内服，一次量 5 毫克 / 千克体重，首次量加倍，2 次 / 日，连用 2～4 日	不少于28 天
溴酚磷	片剂、粉剂	内服，一次量 12 毫克 / 千克体重	21
氯氰碘柳胺钠	片剂、混悬液	内服，一次量 5 毫克 / 千克体重	28
	注射液	皮下或肌内注射，一次量 2.5～5.0 毫克 / 千克体重	21
芬苯达唑	片剂、粉剂	内服，一次量 5.0～7.5 毫克 / 千克体重	14
氰戊菊酯	溶液	喷雾，配成 0.05%～0.10% 的溶液	1
伊维菌素	注射液	皮下注射，一次量 0.2 毫克 / 千克体重	35
盐酸左旋咪唑	片剂	内服，一次量 7.5 毫克 / 千克体重	2
	注射液	皮下、肌内注射，一次量 7.5 毫克 / 千克体重	14

续表 6-3

药品名称	制 剂	用法与用量（用量以有效成分计）	休药期（天）
奥芬达唑	片剂	内服，一次量 5 毫克 / 千克体重	7
碘醚柳胺	混悬液	内服，一次量 7～12 毫克 / 千克体重	60
噻苯达唑	粉剂	内服，一次量 50～100 毫克 / 千克体重	3
三氯苯唑	混悬液	内服，一次量 6～12 毫克 / 千克体重	28

7. 切实改善肉牛的福利水平　随着我国对食品安全的重视和科学研究的进步，人们逐步认识到改善肉牛的饲养方式和生存环境，善待肉牛、保证基本的生存福利，提高肉牛自身免疫力和抗病力，才能从根本上控制疾病暴发。肉牛标准化养殖场平时要实行定时巡视、记录、汇报制度，认真全面掌握肉牛群体况、毛色、粪便、状态、饮食，有针对性地调整日粮水平，改善通风条件，添加保健剂，使牛群保持良好的生理状态，提高自身抗病力，减少患病危险。同时，要严格按照规定使用饲料药物添加剂，严格遵守禁止使用的药物管理规定（表 6-4，表 6-5）。

表 6-4　肉牛饲养允许使用的饲料药物添加剂及使用规定

药品名称	制 剂	用法与用量（用量以有效成分计）	休药期（天）
磺胺二甲嘧啶钠	注射液	静脉注射，一次量 0.05～0.1 克 / 千克体重，1～2 次 / 日，连用 2～3 日	28
莫能菌素钠	预混剂	混饲，200～360 毫克（效价）/ 头 / 日	5
杆菌肽锌	预混剂	混饲，每 1000 千克饲料，犊牛 10～100 克（3 月龄以下）、4～40 克（3～6 月龄）	0
黄霉素	预混剂	混饲，30～50 毫克 / 头 / 日	0
硫酸黏菌素	预混剂	混饲，每 1000 千克饲料，犊牛 5～40 克	7

表 6-5　肉牛饲养禁止使用的兽药及其化合物

兽药及其化合物名称	禁止用途
β-兴奋剂类：克仑特罗、沙丁胺醇、西马特罗及其盐、酯及制剂	所有用途
性激素类：己烯雌酚及其盐、酯及制剂	所有用途
具有雌激素样作用的物质：玉米赤霉醇、去甲雄三烯醇酮、醋酸甲羟孕酮及制剂	所有用途
氯霉素及制盐、酯（包括：琥珀氯霉素）及制剂	所有用途
氨苯砜及制剂	所有用途
硝基呋喃类：呋喃唑酮、呋喃它酮、呋喃苯烯酸钠及制剂	所有用途
硝基化合物：硝基酚钠、硝呋烯腙及制剂	所有用途
催眠、镇静类：甲喹酮及制剂	所有用途
林丹（丙体六六六）	杀虫剂
毒杀酚（氯化烯）	杀虫剂
呋喃丹（克百威）	杀虫剂
杀虫脒（克死螨）	杀虫剂
酒石酸锑钾	杀虫剂
锥虫肿胺	杀虫剂
五氯酚酸钠	杀螺剂
各种汞制剂包括：氯化亚汞（甘汞）、硝酸亚汞、醋酸汞、吡啶基醋酸汞	杀虫剂
性激素类：甲睾酮、丙酸睾酮、苯丙酸诺龙、苯甲酸雌二醇及其盐、酯及制剂	促生长
催眠、镇静类：氯丙嗪、地西泮（安定）及其盐、酯及制剂	促生长
硝基咪唑类：甲硝唑、地美硝唑及其盐、酯及制剂	促生长

四、肉牛主要疾病及其防治

（一）主要传染性疫病

牛结核病

牛结核病主要是由牛分枝杆菌引起的、慢性消耗性人畜共患传染病，以组织器官的结核结节性肉芽肿和干酪样、钙化的坏死病灶为特征。世界动物卫生组织将其列为必须通报疫病，在我国属二类动物传染病，被列为检疫扑杀对象。

【流行病学】 患病牛是本病的主要传染源，各器官的病灶内均能带菌。本菌可以通过粪便、乳汁、尿及气管分泌物排出而污染周围环境，从而散布传染。牛对牛型菌易感，人也能感染，且与牛互相传染。本病一年四季都可发生。舍饲牛发病比例高，牛舍通风不良、拥挤、潮湿、阳光不足、缺乏运动均可促进本病的发生和传播。

【症状与病理变化】 潜伏期长短不一，短者十几天，长者数月甚至数年。临床上表现为渐进性消瘦、慢性乳房炎、咳嗽长期不愈、化脓，体表淋巴结肿大等症状。患肺结核病牛表现为消瘦、咳嗽、呼吸困难；乳房结核时泌乳减少或停止，乳房中形成肿块，且常波及乳房上淋巴结，严重者乳腺萎缩或肿大变硬但无热无痛；肠结核时便秘和腹泻交替出现，食欲、消化和营养物质吸收紊乱；淋巴结核时淋巴结高度肿胀，硬而凹凸不平，其中有干酪样坏死。由于牛感染结核病的经过缓慢，根据患病器官不同，临床症状各不一致。特征病变是在肺脏及其他被侵害的组织器官形成白色的结核结节，呈粟粒大至豌豆大，灰白色，半透明状，较坚硬，多为散在。在胸膜和腹膜的结节密集状似珍珠，俗称"珍珠病"。病期较久的牛结节中心会发生干酪样坏死或钙化，或形成脓腔和空洞。

【诊　断】 用提纯的结核菌素（PPD）对牛进行皮内接种，于72～96小时后测量接种部位的皮厚，该方法是测定牛结核病的标准方法。

【防　治】 定期对牛群进行检疫，阳性牛必须予以扑杀，并进行无害化处理。有临床症状的病牛应按《动物防疫法》及有关规定采取严格扑杀措施，防止扩散。牛场及牛舍出入口处应设置消毒池，饲养用具每月定期消毒1次，检出病牛时，要做临时消毒。牧场每年进行2～4次预防性消毒，每当牛群里出现阳性病牛后，都要进行1次大消毒。

布鲁氏菌病

牛布鲁氏菌病（简称布病）主要是由流产布鲁氏菌引起的一种人畜共患传染性疾病，该病导致母牛流产，从而给养牛业造成巨大的经济损失。牛布鲁氏菌病主要感染牛和人。

【流行特点】 布鲁氏菌的携带者包括牛、鹿、羊和骆驼等。流产布鲁氏菌可存活于牛奶、尿液、精液、排泄物等中，在牛奶中可长期存活，也可能呈间歇性存在。乳腺和淋巴结也可能被感染，并经乳汁排菌。许多感染的牛则成为该病的慢性携带者。牛通过与感染牛的胎盘、胎液及阴道分泌物接触而感染，感染牛在流产或足月分娩后也具有传染性。当人接触或食用受污染的物品时可发生感染，也可通过皮肤伤口传播。通过性传播并不多见，但有报道表明，将污染的精液通过人工授精方式输入子宫时可导致该病。流产布鲁氏菌还可以通过污染的饲料和水传播。在潮湿、低温、阴暗的环境下该菌可在水、流产胎儿、粪便、毛、干草、衣物等中存活数月。该菌可抵抗干燥，尤其是存在有机物的环境下，可长时间存活于灰尘和土壤中。在低温环境尤其是0℃以下温度时存活时间更长。

【症状与病理变化】 该病以生殖道和胎膜发炎，引起流产、不育和各种组织的局部病灶为主要特征。牛感染布鲁氏菌病后通常表现为流产或死胎，流产多发生于妊娠期。有些病牛仍能正常分娩，但牛犊特别虚弱，并在出生后短期内死亡。已流产过的母牛再次流产的时间一般比第一次流产要迟。流产时除在数日前表现精神不振，食欲下降，时起时卧，阴唇肿胀等分娩预兆外，还有生殖道的发炎症状，从阴门流出黄红色或灰褐色的黏液，乳房肿胀。流产的胎儿多为死胎，母牛子宫内膜发炎，胎衣不下。有的病牛虽然治愈，但可能出现不孕症。本病病理变化广泛，受损组织不仅为肝、脾、骨髓、淋巴结，而且还累及骨、关节、血管、神经、内分泌及生殖系统；不仅损伤间质细胞，还损失实质细胞。其中以单核吞噬细胞系统的病变最为显著。

【诊　断】　当牛发生流产时应首先考虑布鲁氏菌病，尤其是在后期多发流产的牛群，确诊则需进行实验室检查。

【防　治】　不从疫区引种，购买饲料及被污染的畜产品。新引入牛须严格检疫，隔离观察 1 个月，确认健康后方能合群；无病牛群定期检疫，发现病牛立即淘汰。检疫为阳性的病牛与同群牛隔离饲养，专人管理，定期消毒，严禁病牛流动，避免与其他家畜接触，不准销售病牛。饲养人员要做好个人防护，进牛舍时穿好防护服，戴口罩，出来时更换防护衣物，并进行消毒。对疫点内的牛每月检疫 1 次，淘汰处理阳性牛，使其逐步净化成为健康牛群。为防止疫情扩散蔓延，对病牛污染的圈舍、环境和用具用 1% 消毒灵或 10% 石灰水等彻底消毒；病牛的排泄物、流产的胎水、粪便及垫料等须经消毒后再进行处理。目前我国批准使用的接种菌苗有 3 种：布鲁氏菌病猪型 2 号菌苗，牛口服接种 500 亿个活菌，保护期 2 年；布鲁氏菌病羊型 5 号菌苗，牛皮下注射 250 亿个活菌，舍内气雾免疫 250 亿个活菌，保护期 1 年；S19 号菌苗，多用于皮下注射。

牛支原体肺炎

牛支原体肺炎是由牛支原体引起的一种呼吸道传染病，其临床特征是病牛出现呼吸困难、咳嗽等症状，病理特征为支气管肺炎或化脓性坏死性肺炎。

【流行特点】　牛支原体在牛群中分布广泛，可引起地方流行性疫病，肉牛高度易感。牛支原体自然感染的潜伏期较难确定，国外有报道，在健康犊牛群中引入感染牛 24 小时后，就有犊牛从鼻腔中排出牛支原体，但大部分牛在接触感染牛 7 天后才经鼻腔排出牛支原体，少数牛在接触感染牛 14 天后发病。我国牛支原体病的暴发绝大多数都与长途运输有关，多数牛在运输到目的地后 7 天左右发病，部分牛在运输到目的地后第二天即发病，少数牛在 10 天左右发病。

【症状与病理变化】　发病初期体温升高至 42℃ 左右，病牛精神沉郁，食欲减退，咳嗽，气喘，清晨及半夜或天气转凉时咳嗽剧烈，有清亮或脓性鼻汁，严重者食欲废绝，病程稍长时患牛明显消瘦，被毛粗乱无光；有的患牛继发腹泻，粪水样或带血；有的患牛继发关节炎，表现跛行、关节脓肿等症状；也有病牛继发结膜炎，眼结膜潮红，有大量浆液性或脓性分泌物。严重者出现死亡，犊牛病情相对严重，病死率可达50%。

对病死牛只进行解剖，可见鼻腔有大量的浆液性或脓性鼻液，气管内有黏性分泌液；胸腔有淡黄色渗出物；肺脏肿大，红色肉变，表面有大小不等，灰、黄色干酪样或化脓性坏死灶，剖面呈大理石花纹状且有脓汁流出；部分病牛出现胆囊肿大；膀胱尿潴留等。病理切片观察肺组织、肺泡间隔增宽，结构破坏，淋巴细胞及少量中性粒细胞和单核细胞浸润，结缔组织增生形成纤维化。

【诊　断】目前，国内外牛支原体病的常用确诊方法主要集中在病原体的实验室分离鉴定和基因诊断。支原体菌落在培养基上具有"煎蛋样"的典型特征。

【防　治】尚无预防本病的疫苗。预防本病要加强饲养管理，改善环境卫生，要尽量消除应激因素。做到早发现，早治疗。若发病后延迟治疗或处理不当，则愈后不良。治疗时，首选敏感的大环内酯类抗生素（泰乐菌素2～10毫克/千克体重；红霉素、左旋咪唑配合黄芩多糖提高免疫力。恩诺沙星2.5毫克/千克体重·次），针对混合感染病原体应配合使用相应的抗菌药物。平时应注意监测本场流行的各种病原体，并筛选敏感药物。本病较少单一发病，常与其他病原菌混合感染。预防本病尚无特效方法，应注意采取综合性治疗措施，包括加强肉牛运输管理和到场后肉牛过渡期的饲养管理，减少运输途中的不良刺激，促进牛只尽快适应新环境。

牛巴氏杆菌病

牛巴氏杆菌病（牛出血性败血症，牛出败）是由多杀性巴氏杆菌感染牛所致一种败血性传染病，以高热、肺炎或急性胃肠炎和内脏广泛出血为主要特征。

【流行特点】 患病牛和健康隐性带菌牛是本病的主要传染源。当存在应激因素，如长途运输、过于拥挤、分娩和饲养环境发生剧烈变化时，潜伏的病原菌经消化道、呼吸道或伤口侵入机体，经淋巴液进入血液引起败血症，发生内源性传染。此外，被患病牛的排泄物、分泌物等污染的饲料、饮水、用具和外界环境也是重要的传染源。巴鲁氏杆菌主要经消化道感染，其次通过飞沫经呼吸道感染健康肉牛，也有经皮肤伤口或蚊蝇叮咬而感染的病例。该病常年可发生，在气温变化大、阴湿寒冷时更易发病；主要呈散发性或地方流行性发生。

【症状与病理变化】 根据临床表现，牛巴氏杆菌病常表现为急性败血型、水肿型和肺炎型3种。

急性败血型：病牛体温突然升高到 $40℃ \sim 42℃$，精神沉郁、食欲废绝，反刍停止，同时表现出呼吸困难、眼结膜发绀。有的病牛还出现腹泻，粪便初为粥样，后呈液状，并混杂黏液或血液。发病后 24 小时内死亡。病理变化特征为全身黏膜、浆膜、皮下、肺及肌肉呈散在点状出血。

水肿型：除表现全身症状外，主要表现为咽喉部急性炎性水肿。特征症状是颌下、喉部肿胀，有时水肿蔓延到垂肉、胸腹部、四肢等处。眼红肿、流泪，有急性结膜炎。

肺炎型：本病型最为常见，病牛体温升高，呼吸困难，咳嗽伴脓性鼻汁；肺部听诊有支气管呼吸音及水泡性杂音，胸部叩诊有痛感；有的病牛排出带有黏液和血块的粪便。肺组织颜色与患病的不同时期相关，如呈现出血、充血与肝样变化，肺间质水肿、增宽，肺切面呈大理石样；后期常发生化脓和坏死。

【诊　断】 根据典型症状及流行特点可做出初步诊断，确诊需进行病原菌的分离鉴定。

【防　治】 发病后应对污染的牛舍和用具用 5% 漂白粉或 10%石灰乳消毒，对病牛立即隔离治疗；选用敏感抗生素对病牛注射，如恩诺沙星、氧氟沙星肌内或静脉注射，连用 $3 \sim 4$ 天；另外，青霉素、链霉素、庆大霉素及磺胺类药物也都有较好疗效。

平常要加强饲养管理和清洁卫生，避免各种应激，采取各种措施增强牛的抵抗力，定期接种疫苗。市场上以氢氧化铝菌苗最为常见，体重 100 千克以下的牛，皮下或肌内注射 4 毫升，100 千克以上的牛注射 6 毫升，免疫时间为 9 个月。

炭　疽

炭疽是一种高度烈性传染性人畜共患病，属世界动物卫生组织列出的需强制上报的疾病。大多数发生该病的地区历史上都有过炭疽的发病史。该病发病迅速，数小时内就可造成死亡。

【流行特点】　各种动物均可感染本病，其中以牛、羊等草食动物最易感。病死畜的血液、内脏和排泄物中含有大量菌体，如果处理不当极易污染环境和水源，造成疫病传播。健康牛主要经消化道感染，也可经皮肤和呼吸道感染。猫、狗、野生动物易感性虽差，但可带菌，从而会扩大传播；另外，被污染的骨粉、皮毛也是传染源。炭疽病主要呈地方流行，一般为散发。

【症状与病理变化】　牛炭疽发病时虽有高热，但症状多不显著，往往没有前兆症状的情况下突然死亡。一些病例或以高度兴奋开始，或很快发生热性病症状，如体温升高到 40℃～42℃，精神不振，伴有寒战和肌肉震颤，心悸亢进，脉搏微弱而快，黏膜发绀，间有小点出血等。随着采食停止，反刍和泌乳也都停止，发生中度臌胀，肠道、口鼻出血以及血尿。有时可见舌炭疽或原发性咽炭疽、肠炭疽，并在这些部位发生炭疽痈。颈、胸、肋、腰及外阴部常有水肿，且发展迅速。颈部水肿常与咽炎和喉头水肿相伴发生，致使呼吸更加困难。肛门水肿，排便困难，粪便带血，一般病程持续 10～36 小时后死亡。

病变多表现为急性败血症，天然孔出血，脾肿大几倍，血不凝固，脾髓及血如煤焦油样，这是由于脾髓极度充血、出血、淋巴组织萎缩和脾小梁平滑肌麻痹所致，切片有大量炭疽杆菌；内脏浆膜

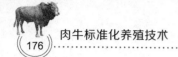

有出血斑点；皮下胶样浸润；肺充血、水肿；心肌松软，心内外膜出血；全身淋巴结肿胀、出血、水肿等。

【诊　断】　根据症状、病变怀疑为可疑炭疽时，应慎重剖检。取耳血 1 滴做涂片，用亚甲蓝和瑞氏染色、镜检，若见多量单个或成对的有荚膜、两端平直的粗大杆菌，可初步诊断。

【防　治】　确认炭疽后必须立即上报有关单位；由专业人员封锁现场，用 20% 漂白粉混悬液彻底消毒污染的环境、用具，毛皮饲料、垫草、粪便全部焚烧；人员、牲畜、车辆控制流动，严格消毒；工具、衣服煮沸或干热灭菌，工具也可用 0.1% 升汞液浸泡消毒。尸体深埋或焚烧。易感牛群可每年接种炭疽芽苗 1 次。

牛口蹄疫

口蹄疫是牛、猪、羊等主要偶蹄家畜或野生动物共患的一种急性、热性、高度接触性传染病，偶见感染人，主要是与患畜密切接触的人员。口蹄疫的主要临床特征是在口腔黏膜、蹄部和乳房皮肤等部位发生水疱性疹。该病传播途径多、速度快，曾多次在世界范围内暴发流行，造成了巨大的经济损失。鉴于其危害世界动物卫生组织将其列为 A 类传染病之首，我国将其列为一类传染病。

【流行特点】　口蹄疫易感牛包括黄牛、水牛、牦牛等。不同年龄的牛易感程度有差别，犊牛发病率最高，死亡率也较高。免疫力低下、抗病力弱、体况差的牛只发病率也较高。本病一年四季均可发生，以春、秋两季最易流行。另外，易感牛群的口蹄疫有周期性暴发流行的趋向。口蹄疫可通过直接和间接接触传播。易感动物的呼吸道、消化道和损伤的皮肤、黏膜等都是感染门户。动物产品如肉、奶、毛皮也可带毒；病牛的分泌物、排泄物、血、内脏，甚至呼出的气体都可带毒，因此，运输车船、工具、水源、饲草料、人员和非敏感动物都是重要的传染媒介。当牛接触感染口蹄疫病毒后，排毒时间为乳汁和精液 3～4 天，唾液 1～7 天，咽部 0～9 天。牛发病开始的急性期，即水疱刚开始形成时，达到排毒的高峰期。随粪便排出的病毒毒力最长可保持 29～33 天，冬季时间更长；病毒在牛的组织中存活时间更长，康复牛的咽喉带毒时间可达 24～27 个月之久。

【症状与病理变化】 口蹄疫的潜伏期一般为 2～4 天，最长的 7 天左右。患病牛的体温升高达 40℃～41℃，食欲减退，流出较多的口水，咀嚼和吞咽困难。1～2 天后，在唇和面颊的黏膜、舌面和舌的两侧、齿龈、硬腭、齿垫等处形成水疱，大小不等，最大的可达鸡蛋大。水疱内最初是无色或淡黄色的液体，后变浑浊，呈灰白色。1～3 天后，水疱破裂形成浅表的糜烂，边缘不整齐，此时病牛体温可恢复正常。有些牛在鼻镜上也出现水疱。在口腔水疱出现的同时或不久，蹄冠和蹄趾间的柔软皮肤上也出现水疱，大小不等，蹄冠部糜烂继发细菌感染的病牛，严重者可引起牛的蹄匣脱落。病牛的乳房皮肤上也可出现水疱。

剖检可见口腔黏膜及黏膜下组织分离，舌部表皮生发层的上皮细胞坏死、细胞间水肿和粒细胞浸润。咽部、气管、支气管和前胃黏膜有时可见到圆形烂斑、溃疡，真胃和肠黏膜可见弥散性或点头出血，心肌松软，心肌纤维坏死，心肌切面有灰白色条纹和斑点，称"虎斑心"。

口蹄疫的病程和死亡率因感染牛的种类、品种、年龄、环境因素、病情等因素差异很大。犊牛发生口蹄疫而有并发症或继发感染时死亡率较高，冬春寒冷季节哺乳犊牛患病后死亡率可达 5%；当发生恶性口蹄疫后，死亡率甚至高达 20%～50%。成年牛患病的死亡率较低。

【诊　断】 根据口蹄疫的急性经过，呈流行性传播。一般根据临床症状先做初步判断，根据病理变化做进一步判断，确诊则需经实验室诊断。

【防　治】 坚持进行疫苗接种，免疫密度必须达到 100%，口蹄疫疫苗免疫保护期一般为 6 个月，因此应每隔半年进行 1 次口蹄疫免疫注射。常用疫苗有 O 型、A 型和亚 1 型口蹄疫灭活疫苗。4～6

月龄以上牛群全部免疫和抗体监测合格是有效预防该病的基础。当周边地区发生口蹄疫疫情后，为了自身保护，应采取紧急免疫或加强免疫 1 次。肉牛标准化养殖场在按免疫程序做好免疫接种的基础上，还应建立完整的免疫档案，包括免疫动物号、疫苗来源、免疫登记表、免疫证、免疫标识等。具备条件的养牛场可对免疫后的抗体水平进行定期监测，一旦发现抗体水平过低，应立即进行免疫。肉牛标准化养殖场要尽量采用自繁自养。从外地购入牛种时，一定要请畜牧兽医动物检疫部门帮助做好检疫工作，坚决不能从疫区购入病牛。因牛的带毒时间较长，一旦引入该病，后患无穷。要按照口蹄疫防治技术规范购买和运输牛，牛在离开饲养地和进入交易市场或进入其他养牛场之前，必须有检疫合格证明，运载工具必须严格消毒，且有消毒证明，要有原有的口蹄疫免疫记录。

牛场内要严格执行防疫消毒制度：场门口要有消毒间、消毒池，人员、车辆进出牛场必须消毒；严禁非本场的车辆入内。严格对污物、废弃物及被污染的场地、栏舍、工具等进行消毒，消毒液可 3%～5% 烧碱水或 1% 甲醛溶液。皮张需用 1% 烧碱水浸泡 24 小时后才能再利用。周边地区发生口蹄疫疫情后，除加强免疫和管理外，给易感牛口服抗病毒的中药或预防药物，同时加强日粮营养水平，增强肉牛的体质。

一旦发现疫情，要立即上报。确定诊断后，要划定疫点、疫区，并实行封锁。严格封死疫点，坚决扑杀病牛和同群牛，并对尸体及其污染物进行焚烧、深埋等无害化处理。被病牛污染的场所要进行彻底消毒。禁止疫区的牛、羊、猪等易感动物、有关畜产品和饲料外调，非疫区的家畜严禁进入疫区。对出入疫区的交通工具和人员必须全面消毒。在扑杀病牛后观察 3 个月确实无新病例发生才能宣布解除封锁。

牛传染性鼻气管炎

牛传染性鼻气管炎又称媾疫、流行性流产、坏死性鼻炎，俗称红鼻子病，是由牛疱疹病毒属Ⅰ型引起的牛的一种急性、热性、接触性传染病，以高热、呼吸困难、鼻炎、鼻窦炎、上呼吸道炎症和潜伏感染为主要特征，该病目前在世界范围内流行，是养牛业中较为常见的传染病。

【流行病学特点】 牛疱疹病毒主要感染肉牛，发病率有时高达75%，其中又以20～60日龄犊牛最易感染。病牛和带毒牛为主要传染源，通过空气经呼吸道传染为主，交配也可传染，从精液中可分离到该病毒。病毒也可通过胎盘侵入胎儿引起流产。当存在应激因素时，潜伏于三叉神经节和腰荐神经节中的病毒可以活化，并出现在鼻汁与阴道分泌物中，因此隐性带毒牛往往是最危险的传染源。

【症状与病理变化】 牛传染性鼻气管炎通过损伤黏液纤毛运输、黏膜或直接感染肺泡巨噬细胞，削弱下呼吸道的物理性和细胞性防御机制而致病。与其他病原体混合感染时可能引发免疫抑制，死亡率很高。本病潜伏期一般为5～7天，有时长达20天以上，人工滴鼻或气管内接种可缩短到18～72小时。根据病毒侵害部位的不同可分为呼吸道型、生殖器型、脑膜炎型、结膜炎型、流产型和肠炎型。

【诊 断】 通过临床症状进行初步判断。实验室诊断需要通过抗原或抗体检测。抗原检测主要分为接种细胞分离病毒和聚合酶链式反应（PCR）检测。通过接种敏感细胞观察细胞有无细胞病变，将分离到的病毒进行电镜观察、抗体中和试验或间接免疫荧光试验可确诊。

【防 治】 预防本病的关键是防止传染源侵入牛群，引进牛只时，一定要先隔离检疫21天以上。对种公牛要进行采精检验，确认健康后方可混群或参加配种。在全球范围内，一些国家采取检验和扑杀政策，一些国家则用疫苗控制疾病。由于采取扑杀阳性牛的方法耗资巨大，对拥有大量牛群且经济不发达的国家并不现实。因此，接种疫苗是多数国家控制和预防本病的主要措施。可以通过普遍进行疫苗接种使流行率降下来，然后控制感染并通过反复检测和淘汰阳性动物达到完全清除感染的目标。目前还没有理想的疫苗，但所有与牛传染性鼻气管炎相关的疫苗都能阻止其临床症状的发展和降低排毒的可能性。

牛病毒性腹泻－黏膜病

牛病毒性腹泻－黏膜病是由牛病毒性腹泻病毒引起的一种呼吸道传染病。其临床特征是感染牛表现为黏膜发炎、糜烂、坏死和腹泻。该病分布广泛，世界绝大多数养牛国家都存在，每年因此造成的经济损失十分巨大。

【流行特点】　患病及带毒动物为主要的传染源，山羊、绵羊、猪、鹿及小袋鼠等都可感染，虽然没有明显的临床症状，但却是本病的传染源。各种年龄的牛对牛病毒性腹泻病毒均易感，尤以6～18月龄的牛发病率最高。本病主要经消化道、呼吸道传播，也可通过胎盘发生垂直传播。

【症状与病理变化】　牛病毒性腹泻－黏膜病自然感染的潜伏期一般为7～10天，但也可短到2天，长到14天。人工感染的潜伏期多为2～3天。临床上感染的牛群一般很少表现症状，多为隐性感染。发病则多伴有免疫耐受、免疫抑制。根据临床症状和病程可分为急性和慢性过程。

急性型：急性病例发病率高、致死率低，常见于幼犊，死亡率也高于年龄较大的牛。急性病例多于发病15～30天后死亡。病牛主要症状表现为突然发病，体温升高达40℃～42℃，持续2～3天。厌食，精神委顿，心率加快，呼吸急促，流涎或剧烈干咳。此时还难以与其他呼吸道传染病区分。体温再次升高，常于发热后2～4天发生腹泻，一般粪为水样，有恶臭，含有黏液及血液，这种特征性的腹泻会持续3～4周或间歇持续数个月。口腔黏膜出现糜烂，之后糜烂融合成大片坏死，常见于唇内、齿龈、齿垫、硬腭的后部、口角和舌上。重病例整个口腔呈被煮样，有灰白色的坏死上皮覆在粉红色的肉面上，大量流涎。鼻镜也有同样的病变，损害逐渐融合并覆痂皮。有些病牛会继发蹄叶炎及趾间皮肤糜烂、坏死。有的病牛则康复快，黏膜损害在 10～14 天内即可痊愈。

慢性型：研究表明慢性型是持续感染的继续。病牛主要表现为间歇性腹泻，后期便中带血，并有大量的黏膜，可在发病几周或数月后死亡，死亡率高达 90%。病毒经胎盘可垂直感染 4 个月的胎儿造成持续感染，大多数持续感染的牛在临床上表现正常，但有的可出现早产、生长缓慢和发育不良等症状，对疾病的抵抗力下降。慢性型很少出现体温升高，最常见的症状是鼻镜糜烂成一片，眼有浆液性分泌物，门齿齿龈发红，跛行。病牛血清中可检测到大量病毒，但检测不到抗体或抗体水平很低。

【诊　断】　综合病史、临床症状及病理变化可对本病做出初步诊断，尤其要根据口腔、食管的特征性病变进行判断，进行病毒鉴定和血清学检查是确诊本病的必须手段。患牛病毒性腹泻－黏膜病时，要注意与牛瘟、口蹄疫、牛传染性鼻气管炎、恶性卡他热及水疱性口炎、牛蓝舌病等相区别。

【防　治】　本病还没有特效治疗方法，对症治疗和加强护理可减轻症状，用收敛法和补液疗法可缩短恢复期。平时要做好检疫工作，从国外引进种牛时必须进行血清学检查，在国内进行牛只调拨或者交易时要加强检疫，防止本病的扩大或蔓延。对发病牛采取隔离治疗或急宰对防止本病的扩大和蔓延至关重要。对受威胁的健康牛群可应用弱毒疫苗和灭活疫苗进行免疫接种。

牛白血病

牛白血病是由牛白血病病毒所致的一种慢性肿瘤性疾病，其特征为淋巴样细胞恶性增生、进行性恶病质和发病后的高死亡率。

【流行特点】　牛白血病主要发生于普通牛、绵羊和瘤牛，以 4～8 岁成年牛为主。病牛和带毒的健康牛都是本病的传染源。牛白血病的传播方式主要有垂直传播和水平传播两种，垂直传播主要包括子宫内传播和胚胎移植传播；水平传播的途径很多，常见的传播一般为多种因素的综合，包括血源性传播、分泌物性传播、接触性传

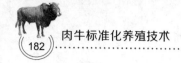

播和寄生昆虫的传播。

【症状与病理变化】 多数感染牛不呈现临床症状，以在血液中存有白血病抗体并出现持续的淋巴细胞增多症和异常淋巴细胞为特征。只有生成肿瘤之后才出现体表或颈浅淋巴结及内脏淋巴结肿大。直肠检查可触摸到肿大的内脏淋巴结。由于肿瘤部位机械性损伤和压迫作用，使病牛呈现相应的临床症状。病牛淋巴结肿大，遍及全身和各脏器，形成大小不等的结节性或弥漫性肉芽肿病灶，尤其是真胃、心脏和子宫等为最常发的器官。

【诊　断】 临床诊断主要以触诊为主，其中直肠检查具有重要意义。具有特别诊断意义的是腹股沟和髂淋巴结的增大。

【防　治】 呈现临床症状的白血病病牛药物治疗效果不大。初期病牛尤其是有一定经济价值的牛可试用抗肿瘤药，如氮芥30～40毫升，一次静脉注射，连用3～4天，可缓解症状。盐酸阿糖胞苷1 000毫克，用5%糖盐水稀释成注射液静脉注射，每周1次，连用4次为1个疗程，似对肿瘤生长有抑制作用。

根据本病的发生呈慢性持续性感染的特点，防制本病应采取以严格检疫、淘汰阳性牛为中心，坚持对全场牛群定期进行血清学诊断，对有临床症状的病牛立即淘汰处理；对检出的仅有阳性反应而无临床症状牛隔离饲养，继续观察。对进口牛或外地引进牛应做白血病检疫，凡阳性反应牛一律不准进场。同时，要加强消毒工作，保持场内整洁卫生，做好灭鼠、灭蚊工作，杜绝传播发病。

牛流行热

牛流行热（又名三日热，牛暂时热）是由牛流行热病毒引起的一种急性、热性传染病。其特征为突然高热，呼吸促迫，流泪，流涎并带有泡沫，消化器官的严重卡他炎症和运动障碍。该病能引起牛大群发病，并导致妊娠牛流产。最近几年该病出现多发的趋势，导致大量牛死亡。

【流行特点】 黄牛、奶牛和水牛均易感，以3～5岁壮年牛多发，犊牛很少发病。病牛是该病的传染源，发热期间病牛的血液、呼吸道分泌物及粪便中都带有病毒。吸血昆虫（蚊、蝇、蠓）叮咬可传播该病。因此，该病的发生与吸血昆虫的出没相一致，多发生于雨量多和气候炎热的 6～9 月份。流行迅猛，短期内可使大批牛只发病，病死率一般 1%～3%，高者可达 20% 以上。

【症状与病理变化】 潜伏期为 3～7 天。体温升高到 40℃以上，持续 2～3 天后恢复正常。体温升高的同时，流鼻液，显著流涎，口角有泡沫；流泪，有水样眼眵，眼睑肿胀，结膜充血；鼻镜干而热；食欲废绝，反刍停止；呼吸促迫，呼吸次数每分钟可达 80 次以上，有时可因窒息而死亡。病牛呆立，因全身肌肉和四肢关节疼痛而步态僵硬（故又名"僵直病"），跛行，严重者因后肢麻痹起立困难而瘫痪。妊娠母牛患病时可发生流产、死胎，产奶量下降或泌乳停止。尸体剖检见明显的肺气肿，也有牛伴有肺水肿和充血；消化道可见卡他性炎症和出血性变化，黏膜脱落，肝、脾、肾轻度肿胀、变性，有坏死灶。

【诊　断】 根据该病的发生时间和流行病学特点等做出初步诊断，确诊需要进行实验室检查。

【防　治】 主要进行对症治疗。高热时，肌内注射复方氨基比林或安乃近。重症病牛给予大剂量的抗生素，常用的药物有青霉素、链霉素、四环素、头孢噻呋。对四肢关节疼痛的病牛可静脉注射水杨酸钠溶液；对于体质弱的牛补充能量和维生素 C、复合维生素 B；对于因高热而脱水和由此而引起的胃内容干涸的病牛可静脉注射林格氏液或生理盐水 2～4 升，并向胃内灌入 3%～5% 的盐类溶液 10～20 升。

每年在蚊蝇滋生季节到来前可给牛接种牛流行热油佐剂灭活疫苗，成年牛每头每次颈部皮下注射 4 毫升，6 月龄内的犊牛剂量减半，间隔 3 周再以同样剂量加强免疫 1 次，具体使用方法按疫苗说明书即可。针对该病蚊蝇传播的特点，每周 2 次用 2.5% 溴氰菊酯乳油喷洒牛舍和周围排粪沟，以杀灭蚊蝇。同时，尽量减少各场之间的人员和车辆的流动，对进场的外来人员和车辆要严格消毒。用二氧化氯或过氧乙酸对牛舍地面及饲槽等进行消毒可杀灭病原，减少传染源。

（二）主要常见普通病

前胃弛缓

前胃弛缓是由于各种病因导致前胃神经兴奋性降低，肌肉收缩力减弱，瘤胃内容物排空缓慢，微生物区系失调，异常发酵产生大量腐败物质的一种前胃疾病。

【临床症状】 急性前胃弛缓的肉牛主要表现为精神沉郁，反刍减少甚至停止，触诊瘤胃内容物充满、黏硬，呈生面团状。慢性前胃弛缓的肉牛大多数表现为食欲不定，粪便干稀交替和间歇性瘤胃臌气。病程长的患牛全身症状恶化，反刍功能严重障碍，可因脱水和自体中毒而死亡。

【防 治】 一是加强护理。病初绝食1～2天，多饮清水；多次少量喂给优质干草和易消化饲料，适当运动。二是缓泻止酵、清理胃肠。用5%～8%的硫酸镁或硫酸钠（成年牛400～500克/头）或苦味酊（20～40毫升/头）口服；或选用人工盐（44%的硫酸钠、36%的碳酸钠、18%的氯化钠、2%的硫酸钾混合而成）50～150克灌服；或用缓泻剂（液状石蜡1000～1500毫升或植物油1000～1500毫升）灌服。三是兴奋瘤胃蠕动。选用硫酸新斯的明（成年牛10～20毫克/头，皮下注射）；或促反刍液（成年牛500～1000毫升/头）静脉注射。四是进行瘤胃液接种。取4～8升健康牛的瘤胃液或反刍食团投服。五是防脱水和自体中毒。25%葡萄糖注射液500～1000毫升/头、40%乌洛托品注射液40毫升/头，静脉注射。

瘤胃积食

瘤胃积食是因前胃的兴奋性和收缩力减弱，采食了大量难以消化的粗硬饲料或易臌胀的饲料，在瘤胃内堆积，使瘤胃运动和消化功能产生障碍，形成脱水和毒血症的一种疾病。

【临床症状】　该病通常在饱食后数小时发病，患牛食欲减退至废绝，反刍障碍。腹围增大，触诊瘤胃内容物多坚硬。瘤胃蠕动数少、音弱、持续时间短。全身症状明显，鼻镜干燥，口腔有酸臭或腐败味，心跳、呼吸加快甚至呼吸困难。严重者四肢厥冷、肌肉震颤、精神高度沉郁甚至昏睡或昏迷。

【防　治】　首先应排空瘤胃内容物，轻症积食可按摩瘤胃缓解，或内服盐类（或油类）泻剂、止酵剂（鱼石脂）等；严重或顽固的瘤胃积食经上述措施处理无效后需行瘤胃切开术，或直接淘汰屠宰。

瘤胃臌气

瘤胃臌气是由于前胃神经的反应性降低，收缩力减弱，采食了大量容易发酵的饲料，在瘤胃和网胃内迅速发酵，产生大量的气体，引起瘤胃和网胃急剧膨胀的一种危急疾病。

【临床症状】　患牛在采食易发酵饲料过程中或采食后不久突然发病；腹痛不安，食欲废绝，反刍和嗳气很快停止，呼吸加快；发展迅速，腹围迅速臌大；腹壁紧张而有弹性，叩诊呈高朗臌音。瘤胃蠕动先增强、后减弱或消失。严重的患牛高度呼吸困难，头颈伸展，呻吟，倒地不起和窒息死亡。

【防　治】　采用瘤胃穿刺或胃管插入放气。急性瘤胃臌气首先应穿刺排气（间歇性放气），放气后向瘤胃注入止酵剂（鱼石脂松节油酒精合剂），胃管投服或瘤胃注入。对于泡沫性臌气应灭沫消胀，可选用表面活性药物（二甲硅油，2～4克/头）或消胀片（含二甲硅油25毫克/片，成年牛每头100～150片/次）口服。气体排出后可用油类泻剂、副交感神经兴奋剂、促反刍液、健康瘤胃液接种等措施进行治疗。中药可使用行气消胀、通便止痛的方剂。

皱胃阻塞

皱胃阻塞又称皱胃积食，是由于受纳过多和排空不畅所造成的皱胃内食物停滞、胃壁扩张和体积增大的一种阻塞性疾病。

【临床症状】 患牛呈现顽固性前胃弛缓、瘤胃积液（可听见拍水音）。原发性皱胃阻塞以便秘为主，继发性阻塞时粪少而稀软；触诊皱胃区局限性膨大敏感。

【防　治】 内服或皱胃注射（第12～13肋骨后下缘）盐类或油类泻剂，强心补液，可参考前胃弛缓的处理方法恢复真胃运动功能。严重的病症需实施瘤胃或真胃切开术。

牛瘤胃酸中毒

瘤胃酸中毒是因为肉牛采食过多的富含碳水化合物的饲料，在瘤胃内产生大量的乳酸而引起的一种急性或亚急性消化性乳酸中毒的综合征。

【临床症状】 牛发生瘤胃酸中毒时病初食欲减少，嗳气停止，肚腹增大，少数病例瘤胃有轻度臌气，多数病牛可见到排出恶臭褐色的稀软粪便，四肢无力，不灵活。有的病牛磨牙，眼结膜充血，左腹部膨大，严重的病牛卧地不起，呼吸增快，耳鼻、四肢发凉，最后衰竭而死。

【防　治】 彻底清除有毒的瘤胃内容物，用粗胶管经口插入瘤胃，用自来水或10%石灰水反复冲洗，直至瘤胃内容物无酸臭味为止。及时纠正脱水和酸中毒，补碱强心，逐步恢复胃肠功能。平时应加强饲粮控制，提高饲养管理水平，合理使用添加剂控制瘤胃发酵。

中　暑

临床上日射病和热射病统称为中暑。本病在炎热的夏季多见，病情发展急剧，甚至迅速死亡。日射病是家畜在炎热的季节中头部持续受到强烈的日光照射而引起的中枢神经系统功能严重障碍性疾病。热射病是肉牛所处的外界环境气温高、湿度大，体内积热而引起的严重中枢神经系统功能紊乱的疾病。

【临床症状】　体温达41℃以上，皮温和肛门温度升高，突然停步不行，剧烈喘息，晕厥倒地，口吐泡沫，呕吐，喜饮水，神志昏迷或抽搐。有的全身突然麻痹，反射消失，发生痉挛后迅速死亡。

【治　疗】　置患牛于阴凉通风处，用冷水擦拭头部和全身，每头肌内注射盐酸氯丙嗪0.5～1.0毫克/千克体重；也可配合使用地塞米松1～2毫克/千克体重，皮下注射；静脉滴注5%碳酸氢钠500～1000毫升，以纠正酸碱平衡紊乱和自体中毒。

蹄叶炎

蹄叶炎是蹄真皮的弥散性、无败性炎症。牛在分娩期间饲喂过多的碳水化合物、运动不足、遗传和季节因素等均可导致蹄叶炎。

【临床症状】　发生急性蹄叶炎时牛不愿活动，拱背站立，肢势为适应疼痛而有所改变，两肢交叉或运步时划弧等。亚急性蹄叶炎几乎看不到全身症状，许多牛局部症状也很轻微。慢性蹄叶炎常导致蹄部变形。

【防　治】　牛发生蹄叶炎后应及时治疗原发病，如瘤胃酸中毒、子宫内膜炎等。采取预防措施，保持牛舍干燥清洁。经常检查饲料品质，合理控制精料补充料的喂量。

腐蹄病

腐蹄病又称指（趾）间蜂窝织炎，是指侵害指（趾）间隙皮肤及其下面软组织的急性或亚急性炎症。最常见的病原菌是坏死杆菌，故又称坏死杆菌病。

【临床症状】　牛患腐蹄病后，急性期可出现一肢或多肢跛行，站立时各肢交替负重，蹄间和蹄冠皮肤充血，红肿。严重时，体温升高，食欲减少，跛行严重，甚至卧地不起。有的出现蹄底穿孔，趾间有溃疡面，蹄冠红肿。

【防　治】 蹄用防腐液清洗后，祛除任何游离的趾间组织，伤口撒抗生素或磺胺药。绷带环绕两趾包扎，便于引流和创口开放。全身注射抗生素或磺胺类药物。预防本病可定期用硫酸铜溶液或甲醛溶液进行蹄浴。冬季让牛踩石灰和硫磺粉。牛床可用聚甲醛消毒。

子宫脱

子宫脱是子宫脱垂的简称，发病时子宫或全部产道（子宫角、子宫体、子宫颈、阴道）翻转脱出于阴门之外。常于分娩后不久发生此病。

【症　状】 牛发生子宫脱垂时，从阴门脱出布袋状物，子宫完全脱出时可下垂至跗关节下方，表面有鲜红色乃至紫红色的散在的胎盘，脱出的子宫易发生淤血和血肿，常附有粪便、泥土、垫草等污物，一段时间后变成暗红色，出现淤血、水肿并发生干裂或糜烂。母牛精神沉郁，食欲减少，弓腰举尾，努责不安，排尿困难，严重时出现腹痛、贫血、眼结膜苍白及战栗等，如脱出物感染可继发出血或败血症。

【防　治】 用整复法将脱出的子宫送入腹腔，胎衣未脱落者应剥离。操作时助手将子宫托起，术者用力由子宫角顶端开始慢慢向盆腔内推送，直到把脱出部分全部推入阴门及送进骨盆腔内。为防止子宫内感染，可放置土霉素 2 克，缝合阴门以防止再度脱出。

子宫脱出整复后的母牛应保持栏舍清洁卫生，饲喂易消化营养丰富的饲料，全身用药以抗感染。预防此病应做好助产工作，牵引胎儿时不应用力过猛、过快；搞好饲养管理，保证足够的矿物质和维生素；保证妊娠母牛有合适的运动量；应加强人员值班，做到产房不离人。对妊娠母牛、特别是临产母牛应注意观察，做到及早发现，及时整复治疗。

子宫内膜炎

子宫内膜炎是发生于子宫内膜的炎症，是母牛产后最常见的生殖器官疾病。

【临床症状】　主要表现为体温升高，精神沉闷，食欲下降，可见到牛不时举尾、努责，有的病牛从阴门流出灰白褐色的黏液，可明显闻到恶臭。直肠检查子宫可明显感觉到子宫角增粗，子宫壁增厚、弹性减弱。此外，有的病牛不表现出明显的临床症状，发情周期正常，但是屡配不孕，阴道检查子宫也没有异常变化，仅发情时可见到分泌物增多、浑浊或带絮状物。

【防　治】　可使用土霉素粉 2 克，或青霉素 100 万单位和链霉素 0.5～1.0 克，溶于蒸馏水 100～200 毫升，一次注入子宫。每日或隔日 1 次，直至排出的分泌物量变少且清亮为止。如果患牛出现高热等全身症状时，需要及时进行肌内注射或静脉滴注抗生素等进行治疗。

肉牛尿石症

肉牛尿石症是肉牛泌尿系统各部位结石病的总称，在肾盂、膀胱和尿道内凝结成大小、数量不等的结石，致输尿管、尿道等处发生阻塞。

【症　状】　病牛表现频频排尿症状，尿道口附着有微细的白色或灰白色颗粒状结石，部分患牛排血尿或发生结石闭塞；患牛食欲减退，频繁地做出弓腰，举尾和努责等排尿姿势，尿液淋漓或无尿排出。

【防　治】　应用氯化铵溶解结石有一定效果，剂量为 10～20 克/天，连用 3～7 天为 1 疗程，一旦症状有所减轻即宜停药。也可用利尿剂乌洛托品或氢氯噻嗪（克尿塞）助排石，同时注射青霉素、链霉素防止尿路感染，或用中草药排石。完全尿闭的牛，为了防止膀胱或尿道破裂的发生，可及早施行外科手术疗法，将结石取出之后制造人工尿道来排尿。

给予充足清洁的饮水，当精料补充料喂量较大时可在日粮中添加钙制剂，使钙与磷比例保持在 1.5～2∶1。肉用牛育肥期间可口服氯化铵（6～10 克/天）和维生素制剂，以减少发病。

第七章
肉牛标准化养殖场环境保护

一、标准化养殖对环保的要求

我国传统的肉牛养殖每户一般仅有1～2头牛，多者3～5头，加上过去没有化肥，粮食种植主要靠畜禽粪便等有机肥，养牛产生的粪尿等不仅不会对环境产生污染，经过堆肥处理后还是难得的肥料。改革开放以后，我国的肉牛产业取得了较快的高速发展，肉牛养殖逐步由传统的农户分散养殖向规模化、集约化的标准化养殖转变，肉牛集中养殖的规模不断扩大。随着养殖规模的扩大，集中会产生了大量的粪尿等废弃物。据测算，1 000头的规模肉牛养殖场每天产生的废弃物为鲜粪20～30吨，尿10～20吨；采用干清粪工艺每天产生污水20～30吨，采用水冲式清粪工艺产生的污水更多。按国内研究者的试验数据，每667米^{2}耕地每年可消纳牛粪2～3吨计算，消纳这些粪污需要170公顷左右的土地。在我国当前的国情下单靠肉牛养殖场自己很难消纳处理产生的粪污。如果产生的粪污不能得到妥善处理，不仅对牛场内部的空气、土壤等产生污染，还会对周边的环境造成严重污染。

近年来，我国畜牧业发展对生态环境的影响日益显现，一些区域畜禽养殖污染呈现加剧的趋势。据报道，畜禽粪污化学需氧量排放量约占到了全国总排放量的40%以上。随着政府部门和各地对畜禽养殖污染问题的越来越重视，环保问题已经成为规模化牛场标准化养殖所必须解决的一个关键问题。同时，随着肉牛标准化养殖场存栏数量的增加，患病牛和病死牛的数量也大幅增加。病死牛是多种传染性疾病的良好宿主，如果得不到妥善处理，不但可能导致本场内爆发大规模疫情，还会给周边地区的肉牛养殖场和人带来安全隐患，易造成重大经济损失和人员伤害。因此，必须对患病牛和病死牛进行合理处置。

在肉牛标准化示范场验收标准第四大部分对环保做出了明确要求，并占到了总分的 12%。对粪污处理提出：有固定的牛粪储存、堆放场所，并有防雨、防渗漏、防溢流措施，得 3 分，有不足之处适当扣分；有沼气发酵或其他处理设施，或采用农牧结合方式做有机肥利用，得 3 分，不足之处适当扣分。对病死牛处理提出：配备焚尸炉或化尸池等病死牛无害化处理设施，得 3 分；病死牛采用深埋或焚烧等方式处理，得 2 分，有记录，得 1 分。

在养殖过程中要切实做好环保工作，应遵循以下三点原则。

第一，减量化原则。根据肉牛的营养需要合理调配饲料，提高饲料的消化利用效率，减少粪尿的产生。要合理使用各种添加剂，减少重金属和氮、磷等的排放。要增强节约用水意识，合理改进清粪工艺，实行雨污分流，减少污水产生。要在确保效果的基础上尽量减少兽药和消毒药物的使用。

第二，无害化原则。要借鉴利用工业生产中的成熟技术，对产生的粪污等进行无害化处理，达标后排放，防止污染牛场地下水和周边的水域。要对过期的药物按照国家相关处理标准进行无害化处理，禁止过期使用或随意丢弃。要对病死牛根据死亡原因分别采取高温、焚烧、深埋等方式进行综合处理，确保无害化。

第三，资源化原则。要采取种养结合的生态方式最大程度的实现粪污的综合利用，对于自己具备足够土地消纳能力的肉牛养殖场，可采用简单的堆肥处理后直接还田；也可采用沼气发酵处理后，沼渣和沼液分别还田。对于自己不具备土地消纳能力的肉牛养殖场，应与周边种植户签订粪污处理协议，或将粪污处理成有机肥

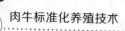

料后销售。对非传染性疫病等导致的病死牛按照国家有关标准通过高温消毒等手段进行无害化处理后，制成肉骨粉等作为猪禽或宠物饲料原料。

二、肉牛场环境的现状

目前，大部分肉牛标准化养殖场仍是采用人工清粪，牛只数量少时粪便尚可以得到及时清理，牛只存栏数量多时粪便的清理难度就急剧加大。加上人工清粪效率低下，劳动强度大，愿意从事清粪工作的人员越来越少。导致很多养牛场清粪间隔越来越长，从每天清理1次到1周清理1次。肉牛标准化养殖场经过一段时间运行后经常出现牛舍内牛粪堆积的现象。严重的牛粪与牛尿、冲洗地面污水、生活污水等混合在一起，形成粪污，而且每天的量很大。而肉牛养殖场普遍缺乏粪污处理设施和设备，不做粪污处理。

肉牛标准化养殖场普遍使用改装后的铲车进行清粪，可以有效减轻人员的工作量，降低工作强度，但会造成清粪通道的地面越来越光滑或破损，肉牛容易滑倒，肢蹄病等病症发病率增加；而且机械清粪运行成本相对较高，噪声较大，影响牛的健康。如果设计不合理，还会影响机械清粪的效率，导致牛粪不能及时得到清理，影响牛舍的清洁。

随着公众环保意识的增强和国家对环保的重视，最近几年肉牛标准化养殖场对环保的重视也逐步提高，并采取了多种环保措施，但并没有从根本上改变牛场环境管理薄弱、资金和设施投入不足、环境污染问题突出的现状。

（一）养殖场环境保护意识淡薄

我国肉牛产业的发展起步晚，且传统的养殖方式基本不存在环境污染问题，造成由传统养牛户发展起来的肉牛养殖场所有者普遍缺乏环保意识，而由外行经营的养牛场更认识不到粪尿等对环境污染的严重性，往往只注重扩大规模，增加产出，而忽视了环境保护，把粪尿和污水直接排入水沟或水渠，导致水资源、土壤和大气环境的污染。肉牛标准化养殖场虽然大都修建了沼气发酵设施，但沼液的处理是个难题，被迫直接排放到周边环境，导致二次环境污染。

（二）牛场场址选择不合理

对于大中型规模化畜禽养殖场的场址选择，国家和地方畜禽养殖污染防治管理办法等都对其进行了明确规定，但由于相关的管理规定出台时间晚，而很多肉牛养殖场是在原有养牛大户的基础上改扩建而来，多数邻近村庄。对于这些肉牛养殖场，只要不邻近水源地，环保部门也难以进行处理。管理办法对于 100 头以下的肉牛养殖场场址的选择也未做规定。但从实际情况来看，我国的肉牛养殖场恰恰以 50～100 头左右中小型规模养殖场为主。有些肉牛养殖场建场时远离城镇和居民小区，但随着城镇的开发建设，现今开始紧邻城镇或居民小区，而实行搬迁难度很大。

（三）环境保护投入不足

环境污染的防治投入大、直接效益回报少，甚至只有投入而没有直接的经济效益，因此肉牛养殖场经营者没有投入的动力。绝大部分养殖场的建设都因陋就简，能省则省，缺乏统一规划和必要的粪污处理设施。同时，肉牛养殖是一个投资大、经济效益相对较低的产业，如果在环保方面投入过大，会导致牛场的效益下降甚至亏损，也直接限制了养牛场投入的积极性。加上多数养牛场主资金缺乏，即使想在环保上投入，也有心无力。

（四）环境保护技术研究滞后

目前，国内的环保技术主要针对工业污染，而针对畜禽粪污处理技术的研究相对滞后，缺乏质优、实用、价廉的设施和设备。在养殖相对集中的地区，虽然可通过建设集中粪污处理厂的方式进行处理，但如果政府不进行投资，肉牛养殖场根本无力承担高昂的建设费用；而且，集中式粪污处理厂的运行成本高，在难以从养牛场收取费用的情况下，如果政府不给予补贴很难承担相关的处理费用。在肉牛养殖分散地区，粪污处理主要是堆肥发酵处理和沼气发酵处理。堆肥发酵处理虽然是投资小、经济环保的方式，但这种方式不能采用水冲式清粪，必须人工清粪或利用漏缝地板加刮粪板清粪，人工清粪劳动强度大、费时，刮粪板投资大。由于劳动力成本不断升高，愿意从事清粪工作的人越来越少，在缺乏相应专用设备的情况下，粪污的处理成本逐年递增。沼气发酵是国内目前全面推广的粪污处理技术，但产生的沼气不好利用，沼液如果直接排放会导致二次污染，而用于农田灌溉，由于其产量小，运输成本高，且受农田灌溉时间需求的限制，需要建设大型的暂存池，投资大、占地多。

三、实现标准化的措施和方法

随着社会经济的发展，环境保护已经成为肉牛标准化养殖绕不开的关键制约因素。因此，必须采用综合措施，在尽量控制成本的情况下，实现粪污处理的标准化，使其达标排放或实现综合利用。

（一）增强从业者的环境保护意识

一方面，环境保护主管部门要采取管理和服务并重的方式，切实加强对肉牛标准化养殖场所有者和从业人员的管理与教育，使其充分认识到环境污染的危害和随意排放的严重后果。同时，要充分考虑到我国农产品价格相对低，国家补贴少，养牛场投入大、经济效益低的现实，想方设法帮助养牛场采用投入少、效果好的环保技术。另一方面，养牛场从业人员要加强环境保护知识的学习，在养殖过程中多采用先进的饲养管理技术，最大限度地减少粪污的产生量，以及粪污中氮、磷和重金属的排放。在粪污处理中，严格按照标准化程序操作，确保粪污处理合格后综合利用和排放。

（二）加大投入，完善粪污处理设施

建设经济有效的粪便贮存和处理设施设备是防止肉牛养殖场粪污污染的主要措施。要想实现标准化养殖，肉牛养殖场即使再困难也应多方筹措，肉牛标准化养殖场必须建设固定的贮存和堆放牛粪的粪场。贮粪场应水泥硬化或用防渗材料，防止污染地下水；应有遮雨棚，防止雨淋造成粪污随雨水流入水渠污染地表水；应有一定高度的防溢墙，防止粪污过多溢流出来；应建设经防渗处理的污水池收集尿和污水；用雨、污分离的排水系统，以减少污水产量；具备条件的肉牛标准化养殖场可建设沼气发酵池和发电设施等，但由于运行成本高、发电上网难，在国内养牛场大型沼气设施能够正常运转的并不多；采用堆肥处理的大中型肉牛标准化养殖场应购置必要的机械设备，以缩短堆肥处理的时间。

（三）选用最适宜的处理措施

粪污无害化和资源化处理的方法较多，主要有堆肥法、沼气池发酵法、污水好氧处理法。

1. 牛粪堆肥处理

（1）牛粪堆放 肉牛标准化养殖场应建设足够容积、地面防渗、顶部防雨、能覆盖防臭的堆粪场，堆粪场应建设在牛场主导风向的下风向（图7-1）。

（2）牛粪堆肥 牛粪堆肥法就是依靠牛粪中各类的微生物，通过生物化学反应将可被生物降解的有机物转化为稳定的腐殖质的过程。堆肥按有氧状态可分为好氧堆肥和厌氧堆肥。好氧堆肥是在有氧条件下，利用好氧微生物对粪中的有机物进行吸收、氧化和分解，使其转化为腐殖质的一种方法。厌氧堆肥是在无氧条件下将有机物分解为甲烷、二氧化碳和低分子量中间产物（如有机酸）的方

图 7-1　肉牛场贮粪棚

法。与好氧堆肥相比，厌氧堆肥单位质量的有机质降解产生的能量少，容易发出臭味，还产生大量的甲烷，因此，现今几乎所有的堆肥都采用好氧堆肥。

好氧堆肥的基本过程是将牛粪、高效发酵微生物和调理剂（如秸秆、木屑等）按一定质量比例混合，调节至适当的水分、温度、pH 值、碳氮比进行好氧生物处理，通过微生物的快速繁殖分解有机物产生的高温杀死牛粪中的病原菌和杂草种子，并使有机物达到稳定化，简单的好氧处理也可不额外接种微生物等，直接堆肥进行发酵。好氧堆肥的关键技术有 5 点。

①温度　在诸多因素中温度是影响牛粪好氧生物处理过程的重要因素，也是判定堆肥能否达到无害化要求的重要指标。牛粪好氧生物处理的最适宜温度为 55℃～65℃。好氧生物处理过程是一个放热过程，若不加控制，最高温度可达 75℃～80℃。温度过高会过度消耗有机质，导致微生物进入休眠或死亡状态，使有机物的生物降解能力降低，处理效率和速度变慢，影响堆肥产品质量；温度过低则会减慢微生物的增殖和有机物的分解速度。好氧堆肥时温度通常在开始的 3～5 天迅速上升至 55℃～65℃的高温，并在这一水平持续一段时间，然后逐渐下降。当其趋近于环境温度时，表明有机质的分解基本完全，产生的堆肥已达稳定。在堆肥过程中通常采用调整通风量或翻堆的办法控制堆体的温度，加快堆肥发酵的速度。测定堆肥的温度时取堆体四周及中心为测温点，测点深度约 40 厘米，用 5 个测点温度的平均值作为堆体温度。在冬季由于外界温度过低，堆肥处理所需要的时间较长，可采用透光材料制作阳光棚，以提高堆肥效率。

②含水率　含水率是牛粪好氧生物处理成功与否的关键因素之

一。水分含量直接影响牛粪好氧生物处理速度和堆料腐熟程度。堆料的水分含量应在40%～65%，最佳含水量为55%～65%。含水量低于40%就不能满足微生物增殖的需要，有机物分解停止；含水量超过70%则会使牛粪中的氧气含量减少，微生物的活性降低，堆温下降，分解速度下降，形成厌氧发酵。新鲜牛粪含水率大都在80%以上，可以通过添加麦秸、稻壳、木屑等进行调节，还可以增加牛粪的有机质含量，调整碳氮比。也可采用晾晒的方式使水分降至适宜的含量。

③pH值 在牛粪好氧生物处理中，pH值随时间和温度的变化而变化，可作为监测有机质分解状况的标志，也是判断好氧生物处理是否熟化的基本指标。pH值还对微生物活动和氮素的保存有重要影响。牛粪好氧生物处理的最适pH值为6.5。

④碳氮比 要使牛粪好氧生物处理能够快速有效地完成必须使其具备合适的碳氮比，以便为微生物的生长提供合适的营养条件。牛粪的碳氮比以20～30∶1最为适宜。多数的牛粪中碳氮比偏低，可以通过添加麦秸等作物秸秆或稻壳等进行调节。

⑤通风供氧 通风供氧也是牛粪好氧生物处理的关键因素之一。温度是好氧微生物活动强弱的外在表现，而耗氧速率是其活动的内在表现。微生物的活动与氧含量密切相关，供氧量则影响牛粪好氧生物处理速度和质量。需氧量与堆料中有机物含量密切相关，有机碳含量越高，需氧量越大。牛粪好氧生物处理初期有机物氧化分解剧烈，应提供较大的通气量。研究表明，堆体中的氧含量以8%～18%比较适宜。氧含量低于8%则无法为好氧微生物提供足够的氧气，会导致厌氧发酵；高于18%则会增加水分的蒸发，导致堆料过早干化，使堆体冷却，难以杀死病原菌。同时，通风量过大会使动力消耗过大，处理成本增加。

（3）常用的好氧堆肥方法

①条垛堆肥 条跺堆肥操作非常简单。操作时将牛粪在水泥地面上堆制成长条形的堆垛，条垛宽、高分别为2～4米、1.0～1.5

米的条垛，长度根据粪场的长度确定，在气温20℃左右需15～20天就能完成腐熟过程，堆肥期间根据需要翻堆1～2次。腐熟好的牛粪静置堆放至施肥时使用即可。该方法简便易行，操作简单，堆垛长度可根据粪便量自由调节。缺点是堆垛的高度有限，一般在1.0～1.5米，占地面积相对较大；发酵和腐熟较慢，堆肥周期较长（图7-2）。

②静态通气堆肥　静态通气堆肥是利用正压风机、多孔管道和堆料中的孔隙所组成的通风系统对牛粪进行供氧的好氧发酵处理方式。采用该方法堆体的高度相对较高（1.5～2.0米），占地面积相对较小；供氧充足，堆肥的发酵时间仅需4周左右。缺点是强制通风静态堆肥的投资比条垛堆肥高，通风需要动力，运行成本比条垛堆肥高（图7-3）。

图7-2　牛场条垛堆肥

图7-3　静态通气堆肥

③箱式堆肥　箱式堆肥是将牛粪的混合物放入在简单的箱式结构中强制通风进行发酵的牛粪好氧处理方式。由于整个堆肥过程都是在封闭的容器内进行，因此没有臭气污染；能很好控制堆肥发酵过程，2～3周时间即能完成发酵过程；堆肥的发酵箱可自由运输，非常有利于分散粪便的集中处理。缺点是需要购置专门的发酵仓和

通风系统，投资和运行成本较高（图7-4）。

④槽式堆肥 该方式是将牛粪等堆料混合物放在长槽式的结构中进行发酵，依靠搅拌机搅拌供氧。搅拌机沿槽的纵轴移行，在移行过程中不断搅拌堆料。槽式堆肥需要在大棚或室内进行，堆料的深度一般在1.2～1.5米，发酵时间为3～5周。槽式堆肥的优点是工艺简单，处理量大，发酵时间较短，便于机械化操作，是国外应用较多的一种堆肥处理方法。但投资成本和运行成本比静态通风堆肥高；搅拌机与堆料的接触部分长期高速旋转易磨损，且与粪便混合物直接接触容易被腐蚀，需要定期进行维护和更换（图7-5）。

图7-4 箱式堆肥

图7-5 槽式堆肥

2. 沼气发酵处理 沼气发酵处理是以粪污为主要发酵原料，在适宜的温度、酸碱度环境中，通过厌氧发酵产生沼气，再把产生的沼气通过净化设备处理后贮存用作燃料，或输送至沼气发电机燃烧发电的一种粪污资源化利用的处理工艺。一个肉牛标准化养殖场建什么工艺、多大体积的沼气装置合适，需要根据养殖规模和发酵温度不同确定。不同的发酵装置应和发酵工艺相配套。当前常用的沼气发酵装置主要有两种类型：一种是地埋式水压沼气池，另一种是地上式沼气发酵罐。

（1）水压式沼气池 该装置适合小型肉牛标准化养殖场使用。主要由进料口、主池、天窗口、出料口（水压间）、导气管等组成。主池由贮气室和发酵间组成，发酵间和贮气室是沼气池的主体部分，圆筒形，发酵原料在圆筒的底部发酵，产生的沼气逸出水面后，进入圆筒上部的削球形贮气间储存。该方法要确保发酵间不漏水，贮气间不漏气，才能正常运行（图7-6，图7-7）。

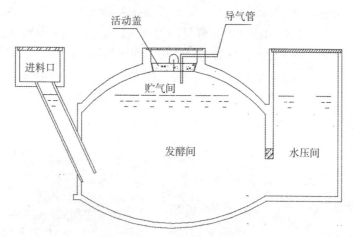

图 7-6　水压式沼气池示意图

图 7-7　水压式沼气池

对于养殖规模较大的中型肉牛标准化养殖场可采用多个水压式沼气池串联的方式形成串联式沼气池，进行粪污的发酵处理。其主要工艺见图7-8，图7-9。

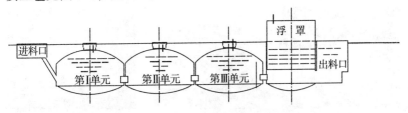

图7-8 串联式水压式沼气池工艺图

图7-9 串联式水压式沼气池

（2）地上式沼气发酵罐 该方法适合大、中型肉牛标准化养殖场使用。发酵罐的形式有很多种，各场可根据自己的情况选择适合的发酵罐（图7-10，图7-11），产生的沼气经过净化处理后贮存于贮气柜中。

图7-10 地上立式发酵罐

图7-11 地上软体高分子膜发酵

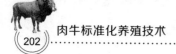

沼气的贮气柜有湿式贮气柜和双膜式贮气柜（图7-12，图7-13）。

图7-12　湿式贮气柜　　　　　　　图7-13　双膜式贮气柜

采用沼气发酵存在的最大问题就是冬季发酵罐的升温问题。温度的变化直接影响沼气产生的效率，据测算，温度每降低10℃，沼气发酵的产气效率就会下降1倍。常用的沼气发酵罐冬季加热方式有沼气燃烧供热，发电余热供热和太阳能供热（图7-14，图7-15，图7-16）。

图7-14　沼气燃烧加热　　图7-15　沼气发电余热　　图7-16　太阳能加热
　沼气发酵罐　　　　　加热沼气发酵罐　　　　沼气发酵罐

3. 污水好氧处理　污水好氧处理适合于经济较发达、土地资源紧张、存栏规模较大的肉牛标准化养殖场。优点是占地少，适用性广，处理效果受环境影响较小。缺点是投资大，能耗高，运转费用高，维护管理困难，需要专门的技术人员管理。

（1）好氧生物处理的工艺　早期主要有活性污泥法、生物接触氧化法、生物转盘法及氧化沟法等。这些工艺存在的问题是脱氮效果较差。目前广泛采用的工艺是曝气处理法。该工艺去除污水中有机物、氮、磷的效果。曝气处理法是采用特定的曝气设备或特定设施连续向污水中鼓入空气，创造有利于微生物生长、增殖的环境，使微生物大量增殖，达到氧化、分解和消除有机污染物，使污水得到净化的目的（图7-17，图7-18）。曝气处理法根据工艺又分为普通曝气法（也称标准法、常规法、传统法）、阶段曝气法、加速曝气法、延时曝气法、接触曝气法、吸附再生法、氧化沟法和序列间歇式活性污泥法（SBR）等。常用曝气设备有潜水搅拌机、罗茨鼓风机、离心鼓风机、微孔曝气器、表面曝气设备等。以曝气为特点的序批式反应器及其改进工艺已广泛应用于畜禽废水中。曝气处理具有净化效果稳定可靠、除臭效果好等优点，但投资大、运行成本高。大型肉牛标准化养殖场的污水量很大，如果负荷超过了氧化塘或人工湿地的承受能力，可考虑在沼气池后加一级曝气池来处理污水。

图7-17 曝气池

图7-18 曝气头

4. 污水厌氧处理法 肉牛养殖场污水厌氧生物处理工艺通常有厌氧滤池、厌氧折流板反应器、上流式厌氧污泥床及内循环厌氧反应器等。与好氧生物处理技术相比，厌氧生物处理技术具有造价低、占地少、能量需求低及可以产生能源沼气的优点。由于处理过程不需要氧，所以不受传氧能力的限制，因此具有较高的有机物负

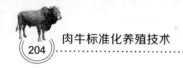
荷潜力，能分解一些好氧微生物不能降解的有机物污染物。

由于畜禽废水系高浓度有机废水，氮磷含量高，单独采用好氧处理或厌氧处理在经济上和处理效果上均不理想，采用厌氧－好氧联合处理工艺是最经济有效的方法。其工艺是采用厌氧－加原水－间歇曝气工艺处理畜禽废水，将大部分畜禽废水进行厌氧消化后，出水再与小部分未经厌氧消化的畜禽废水混合，然后采用间歇曝气序批式反应器处理混合废水。

（四）病死牛的无害化处理

病死牛如果不按国家有关规定进行无害化处理极易造成重大动物疫病和人畜共患病的扩散蔓延，特别是流入消费市场，将直接威胁人民群众的身体健康。为此，国家对病死牛的处理有严格的规定。病死牛的无害化处理是一门技术性要求非常高的工作，必须严格按照国家《病死及死因不明动物处置办法》和《病害动物和病害动物产品生物安全处理规程》（GB 16548-2006）这两个规范进行操作处理。

1. 病死牛的运送　病死牛即因病死亡的牛，其体内往往带有大量致病微生物。运送前所有参加人员均应穿戴消毒过的工作服、口罩、风镜、胶鞋及手套，运送牛尸体和病害产品应采用密闭、不渗水的容器，用特制的运尸车（防止漏水）装运，装前卸后必须严格消毒，车底铺垫石灰。装运前应将尸体各天然孔用蘸有消毒液的湿纱布、棉花严密填塞，以免污染周围环境。病死牛污染的地方应铲去表层土，连尸体一起运走，并喷洒消毒液。严禁乱丢乱弃处理病死牛的药品和解剖的器官。

2. 病死牛的销毁　采用焚毁或掩埋等方法对病死畜进行无害化处理。

（1）**焚毁**　将病死牛尸体及其产品投入焚化炉或用其他方式烧毁碳化，彻底杀灭可传染的病原微生物。

（2）**掩埋**　选择远离学校、公共场所、居民住宅区、村庄、动物饲养和屠宰场所、饮用水源地、河流等地进行深埋。掩埋前应对需掩埋的病害动物尸体及其产品进行焚烧处理；掩埋坑底铺2厘米厚生石灰；掩埋后需将掩埋土夯实。病死动物尸体及其产品上层应距地表 1.5 米以上；焚烧后的病害尸体表面和病害动物产品表面，以及掩埋后的地表、环境应使用有效消毒药喷洒消毒。

掩埋是一种不彻底的无害化处理方法。但在广大农村缺少完善的无害化处理设施设备的情况下，是一种简易可行的处理方法。掩埋时应当严格按照相关规定，先用柴油或其他助燃材料进行比较彻底的焚烧，然后对焚烧后的残渣、被污染的泥土、废料等按要求再进行深埋处理，并对处理后的地面进行全面彻底的消毒，做到干净利落，才能不留隐患。

（3）**建设化尸池**　要根据当地地质特点合理规划、科学选址、规范施工，建设干（湿）无害化处理池。将病死牛尸体及其产品投入消毒池中，通过自然发酵分解达到消灭传染源、切断传播途径、阻止病原扩散的目的。该方法适用于没有焚烧设备的地区，建设价格较为低廉。

（五）采取综合改善生态环保的方法

1. 加强绿化　肉牛标准化养殖场区应尽可能绿化，绿化具有美化场区环境、改善场区小气候，净化空气，防止尘埃和噪声，防疫、防污染等众多作用。牛场的绿化主要有防护林、路旁绿化、环境美化等方面。防护林种植在场区四周，多以乔木为主。为加强冬季防风，可种植两行松柏，一般幼林行距为 1.0～1.5 米，成林行距 2.5～3.0 米。道路旁绿化既能夏季遮阴，减少道路的雨水冲刷，又可起防护林的作用，也多以种植乔木为主；环境美化则多以种植花卉灌木为主。

2. 人工湿地技术　人工湿地是人工设计和建造的相对独立的湿地，种植多种水生植物，靠湿地的物理、化学和生物作用净化肉牛粪尿。目前人工湿地均采用"氧化塘＋人工湿地"的模式。水生植物根系发达，可为微生物提供良好的生存场地，微生物以有机物质为养料而生存，其分解物质又成为水生植物的养料，收获的水生植物可再作为沼气原料、肥料或鱼的饵料。通过微生物与水生植物的互利共生作用，粪尿得以净化。据报道，高浓度有机粪尿在水葫芦池中经 7～8 天吸收净化，有机物质可降低 82.2%，有效态氮降低 52.4%，速效磷降低 51.3%（图 7-19）。

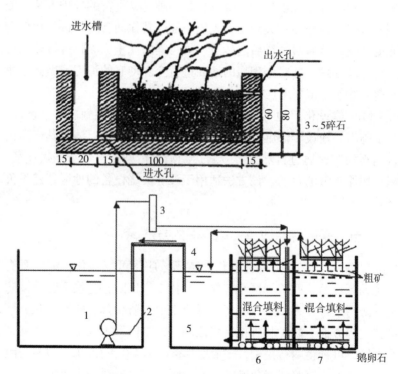

图 7-19 人工湿地结构示意图 （单位：厘米）

（1.实验水池 2.潜水泵 3.液体流量计 4.虹吸管
5.出水池 6.湿地池 2 7.湿地池 1）

3. 蚯蚓处理 蚯蚓具有较强的吞噬和分解牛粪的作用，养殖蚯蚓消化牛粪，使牛粪变为蚯蚓粪，蚯蚓粪是一种很好的有机肥料。

蚯蚓蛋白质含量很高，可以作为饲料添加剂，也是药用价值很高的原料，售价很高。该方法既解决了环境污染问题，又变废为宝，养殖的效益非常可观，但也需要较大的场地和较为烦琐的饲养过程。通过蚯蚓处理技术，可有效避免牛粪对生态环境的污染。

4. 控制抗生素的使用　抗生素残留滥用已经成为影响人类健康的重大隐患。在肉牛养殖上要严禁滥用抗生素，尽量减少治疗用抗生素的使用量，严禁使用人的抗生素用于兽医治疗，以减少抗生素残留。要加强抗生素使用的监控，建立抗残监控中心，通过增加设备投入，提高检测手段，紧握主动权。要加强采购饲料的质量监控，通过采取各种有效措施避免抗生素残留进入饲料中。

第八章
肉牛标准化养殖的经营管理

一、标准化养殖对经营管理的要求

随着肉牛产业的发展，肉牛养殖逐步由家庭副业转为专业化养殖，单个养殖场的养殖数量越来越大。据统计，我国养殖5头以上养殖户的肉牛数量已经超过了肉牛存栏总量的一半。随着养殖数量的扩大，养殖人员大量采用先进的科学技术提高肉牛养殖的生产水平，如青贮饲料、浓缩饲料、全混合日粮、预防接种、粪污无害化处理等都在生产中开始得到广泛利用，大大提高了肉牛养殖场的标准化水平和养殖效益。但在实际生产中发现，采用同样技术的养殖场经济效益相差很大，甚至盈亏各异。出现上述问题的主要原因是，我国传统的肉牛养殖基本不存在商品化生产，不需要专门的经营管理，但一旦上规模成为商品化生产后，经营管理水平跟不上，而导致经济效益上的明显差异。肉牛养殖场要取得更大经济效益，在利用科学技术提高标准化生产水平的同时也要注重提高经营管理的标准化。

在标准化养殖中，明确指出了标准化规模养殖场必须与产业化经营相结合，才能实现生产与市场的对接。标准化示范场验收标准中非常重视经营管理，第三大部分全部与经营管理有关，分值高达28分，并在第五大部分中还专门提出了经营管理要达到的基本生产水平，要求肉牛育肥场育肥期平均日增重≥1.2千克，繁育场或牧场的母牛繁殖率≥80%，犊牛成活率≥95%。

（一）机构设置合理化

　　肉牛标准化养殖要求养殖的各个环节都实现标准化，而养殖的变数很大，无法像工厂那样很容易实现标准化，这就对管理提出了更高的要求。标准化肉牛养殖场必须建立能适应标准化养殖的必要机构，如原料采购、保管、饲料加工配制、配送、饲喂、诊疗、配种、粪污处理等等。在场长的统一领导下，要确保各部门间既能合理分工，又能相互配合，避免出现互相埋怨、推卸责任的情况。同时，也要确保各个部门的高效精干，避免机构重复和人员冗余。

（二）生产管理制度化

　　建立健全科学合理的管理制度是提高肉牛养殖场标准化养殖水平和经济效益的关键。生产管理制度不仅要张贴上墙，还必须让场内的相关人员熟记于心，落实到行动上去，按制度规定去做。肉牛养殖场的生产管理制度主要有场长职责、门卫职责、职工守则、采购人员职责、财务制度、畜牧技术人员职责、饲养人员职责、繁殖配种制度、人工授精员责任制度、卫生防疫与消毒制度、饲料使用控制措施及制度、环境保护措施及制度、兽药使用控制措施及制度等。

（三）档案管理规范化

　　档案是肉牛养殖场实现标准化养殖的集中体现，也是落实产品质量责任追究制度、保障产品质量的基础，是加强养殖场管理、建立和完善动物标识及疫病可追溯体系的基本手段。肉牛养殖场最主要的档案就是养殖档案，完善的养殖档案包括引种、繁殖、疫病监测和诊断、预防接种、饲料采购和使用、兽药采购和使用、消毒、污物无害化处理、销售、官方兽医来访记录等。同时，要确保养殖档案记录的规范、准确和完整，具有可追溯性。肉牛育肥场养殖档案应至少保存2年以上，种牛档案则要长期保存。除了养殖档案外，所有人员的身份证复印件、专业资格（技能）证书复印件、采购物品的发票等也要存档记录。

（四）饲养管理标准化

饲养管理是决定肉牛养殖场养殖经济效益的关键，要制定详细的牛场日常标准化饲养管理规范。一是要加强饲料质量安全生产监管，严格按照国家颁布的《饲料与添加剂管理条例》《允许使用的饲料添加剂品种目录》《禁止在饲料和动物饮用水中使用的药物品种目录》进行饲喂。二是建立健全牛场的饲料质量监控和饲料安全使用管理规范，以确保牛场饲料质量安全。三要建立合理的饲养程序规范，并确保饲养程序的稳定。四要建立合理的管理技术规范，并确保规范严格执行。

有条件的肉牛养殖场可采用工厂化方式养殖，依托专业设施与设备，按照工艺对肉牛养殖的各个环节实行全自动控制，为牛提供适宜的环境，根据订单有计划的批量生产。

（五）产品管理市场化

肉牛养殖的市场化水平体现为产品的商品化程度，以及生产经营的组织化水平。对于肉牛而言，其屠宰、分割和牛肉的销售都很容易实现商品化核算。在养殖环节产品是活牛，由于养殖过程中牛的体重不断变化，而绝大多数牛场都没有无应激的称重设备，增重好坏只能凭肉眼判断，肉牛进场到出栏前很难进行商品化核算。但养殖环节活牛几乎是唯一的产品，如果不能及时核算，就无法及时做到成本控制，发现问题查找原因更无从谈起。同时，只有推动标准化规模养殖场上市畜产品的品牌创建，才能实现生产上水平、产品有出路、效益有保障。

二、牛场经营管理现状与存在的问题

（一）分工不明确，管理落后

目前，我国绝大多数肉牛标准化养殖场都是从养牛大户或屠宰大户发展而来，或是其他行业的投资者介入，大都没有接受过经营管理知识的培训，专业管理知识和能力匮乏，基本是凭借过去的经验进行牛场管理，牛场管理结构不合理，机构不健全，现有的专业人员中精通牛场管理的人员少，工资待遇要求高，而且流动频繁；中小型养牛场为了降低成本，保障牛场的增产运行，只能自行管理或聘用没有经验的人员必然导致分工混乱，效率低下，管理落后。

（二）技术操作不规范，制度不健全

肉牛养殖有很强的技术性和专业性。与猪、禽养殖相比，肉牛养殖的标准化程度很低，这就增加了牛场的管理难度。很多管理人员管理浮于表面，很少深入生产一线；很多管理人员根本不了解肉牛的饲养管理，简单照搬工业生产的管理方式，结果制定的操作规范实用性差、执行难度大，成了"有规范难照做，有问题无制度可规范"。

（三）标准化程度不够，生产方式落后

在我国，中小规模肉牛养殖场比例高达90%以上，这些养殖场除了基本的饲料粉碎和混合机组外，主要依靠手工操作，由于基础设施落后，饲养管理粗放，饲喂随意，粪尿随意排放，标准化养殖的水平很差。而且这些养殖场大都属于单打独斗，既没有和大型的屠宰厂建立稳定的购销关系，也没有和广大的繁殖母牛养殖户建立分工明确的生产关系，成立的专业合作社也都是松散型组织；牛基本上靠市场收购，生产方式落后，组织化程度偏低，抵御市场风险能力不足，很难保持生产的相对稳定。

三、实现标准化的措施和方法

（一）建立高效的管理体系

对于肉牛标准化养殖场应至少设置4个管理机构，场长（总经理）、办公室（行政后勤、财务、档案管理等）、生产部（采购、库房管理、饲料加工、设备维护维修、饲养员管理等）、技术部（营养和饲料配方制定、防疫、诊疗、配种、消毒等）。大型养殖场可根据工作需要将办公室、生产部和技术部再细分为相应的独立机构。同时，在场长以下设置若干副总经理，分管相应的部门。但从现代管理的角度来言，机构的层级不宜过多，一般不应超过三级，否则会大幅降低运行效率，增加管理成本。

肉牛标准化示范场验收标准中对技术人员做出了规定，要求至少有1名经过畜牧兽医专业知识培训的技术人员，持证上岗，2分。其他人员的配备可按以下标准：1 000头以下的养殖场配备场长1人，办公室1～2人，生产部1～2人，技术部1～2人，不采用TMR日粮的牛场每50头牛配备1饲养人员，采用TMR日粮的牛场每100～200头牛配备1名饲养员。1 000头以上的牛场可增设副总经理1～2人，其他人员根据需要配置，整个牛场总员工人数不宜超过每40头牛配备1人。在满足需要的前提下人员越精简越好。

（二）建立严格的管理制度

肉牛标准化养殖场的管理制度一般有以下几种：一是岗位责任，每个工作人员都明确其职责范围，有利于生产任务的顺利完成；二是财务管理制度，肉牛养殖所需资金大，要确保牛场有充足的流动资金，同时要积极采取措施，加快资金周转，提高资金使用效率。三是考核奖励制度，要建立合理的考核制度，赏罚分明，真正起到激励员工的作用；四是档案管理制度，要建立牛群周转、疫病防治、疫苗接种、饲料采购、配种繁殖、兽药使用和人员雇佣等完整的档案资料，并按照要求保管。

1. 岗位责任制度 肉牛标准化养殖场的责任制度主要包括场长职责、门卫职责、职工守则、生产技术人员职责、饲养人员职责、兽医职责及配种员职责等，具体的养牛场需根据类型选择制定相应的责任制度，如育肥场则不需要配种员岗位职责。

（1）场长职责 负责制定牛场的年度生产计划和长远规划，制定生产、销售、财务等方面的管理制度，并根据全年计划，拟订季度、月份工作计划，分别落实到责任人。制定各项技术规程，检查其执行情况。负责拟定全场各项物资、饲料、兽药、原料等的调拨计划，并检查其使用情况。组织牛场职工进行技术培训和科学试验工作。掌握牛群健康与繁殖动态变化，发现问题及时解决。对重大技术事故做出结论，并承担相应责任。对人员的任免、调动、升级、奖惩提出意见和建议。执行劳动部各种法规，合理安排职工上岗、生活安排等。

（2）门卫职责 严禁闲杂人员入场，公物出场要有手续，出入车辆必须检查，未经场长批准或陪同谢绝一切对外参观。严禁非工作人员在门房逗留、聊天，严禁其他家禽、家畜进入场区。搞好场内外卫生及防疫消毒，认真负责、坚守岗位、不迟到早退，接班后不擅离岗位，要不定时察看责任区。提高警惕，做好防盗、防火、防水等工作。

（3）采购和仓库管理人员职责 负责牛场生产所需各种物品的采购、保管和建档工作。收集最新的物品价格信息，做好市场分析和政策分析，为养殖场决策提供信息。加强与供货商的沟通与联络，确保货源充足和质量稳定，交货及时。根据生产计划、资金情况、实际需要和库存情况，编制采购计划。加强与验收、保管人员的协作，有责任提供有效的物品保管方法，防止物品保管不妥而受损失。对所购物品进行质量检验，并索要必要的货物证明（质量检测报告、发票、供货商信息等）。制定仓库管理制度与仓储作业流程，并严格执行。确定常用物品的安全库存量，一旦达到警戒，第一时间通知采购员进行补货。按照仓库规划、管理规则对物品进行合理储放，做到各储区的严格隔离，标示清晰、一物一卡，成行成列，明文整齐。依照采购计划督促采购人员及时采购。按照生产部门领料单和需求时间进行出库，确保生产有序进行。按先进先出、节约用料的原则发货。准确记账，做到物动卡动；账目日清月结，月报准确、及时。定期进行物品盘点。定期对库存物品进行清查，及时发现过期、生锈、变质和呆滞物料，并进行统计、汇总，以书面形式报告场长。积极开展废旧物资、生产余料的回收、整理和利用工作。严格执行仓库安全工作规定。禁止无关人员擅自进入仓库。

（4）**生产技术人员职责** 制定牛场年、季、月生产计划和各类牛群的生产任务，协助场长改进工作，提出各阶段保证生产任务完成的技术措施和技术要求。实施技术指导并检查各项技术措施的执行情况，发现并及时解决技术措施实施中出现的问题。总结牛群生产性能提高或减产的原因，并提出技术改进意见。制定饲料调配、定量和贮存技术。推广应用先进的饲养技术。准确填写牛群养殖档案及各项生产计划资料记录。对养牛生产中出现的事故，及时向场领导提出报告，并承担应负的责任。培训员工，提高牛场职工技术水平。

（5）**饲养人员职责** 饲养员应熟悉所管牛群的基本情况，熟记牛号、年龄、胎次、出生日期、膘情、发情配种和妊娠情况，掌握一定的饲养管理知识，发情鉴定及疾病观察知识，严格遵守操作规程。根据牛群膘情、采食量、体质状况等生理特点搞好分群饲养工作。每天刷拭牛体，保持圈舍地面及周围环境卫生。注意观察牛的精神、食欲等，发现异常及时报告兽医，配合做好检疫、配种、称重、体测及疾病治疗护理工作。坚持每天清理舍内牛槽，每天清理牛粪2次，并按指定地点堆放。

（6）**兽医职责** 做好全场的卫生防疫、卫生检疫、疾病预防与治疗工作。树立"防重于治"的理念，每天必须在上槽时巡视牛群，发现问题及时处理，不得坐等就医。配合生产场长，参与饲养管理，共同提高饲养管理水平。认真进行疾病诊治，定期进行检疫、防疫、驱虫、修蹄等。培训职工疾病防治和卫生保健知识。禁止对本场以外的牛出诊。准确记录诊疗过程和病历等，及时、准确上报各种报表。

（7）**配种员职责**　繁殖母牛养殖场应设立配种员，其职责是要保持配种室整洁，详细掌握牛群的发情规律及妊娠情况，对使用冻精的活力、冻精使用情况和贮备数量等要有完善的记录，并随时做出分析、总结。所有器械在使用前后应严格清洗消毒。建立月报制度，对母牛的发情配种实行饲养员、值班员、配种员三结合，认真观察，及时发现，适时配种。严格按照选种选配计划配种，确保不漏配、乱配和错配。

2. 财务管理制度　牛场要严格遵守国家规定的财经制度，树立核算观念，建立核算制度，各生产单位都要实行经济核算，建立物资、产品进出、验收、保管、领发等制度。年初、年终公布全场财务预算、决算，每季度汇报生产财务执行情况，做好各项统计工作。会计资料必须真实、准确、完整，并符合会计制度的规定。办理会计事项必须填制或取得原始凭证，并根据审核的原始凭证编制记账凭证。会计、出纳员记账必须在记账凭证上签字。财务人员应当会同场长定期进行财务清查。根据账簿记录编制会计报表上报场长，并报送有关部门。会计报表每月编制、上报 1 次。财务工作人员负责对本场的各项经济实行会计监督。发现账簿记录与实物、款项不符时，应及时向场长书面报告。

3. 绩效考核奖惩制度　绩效考核奖惩制度是牛场人员管理的核心，对提高人员自觉性和主动性具有至关重要的作用，一定要高度重视。绩效考核奖惩制度至少包含以下内容：一是绩效的标准，二是考核办法和程序，三是奖惩制度。绩效考核制度应尽量详细，不容易产生歧义。通常而言，制度越详细越容易操作和执行。

4. 档案管理制度 肉牛标准化示范场必须加强档案管理工作，要求必须有牛群周转、疫病防治、疫苗接种、饲料采购、配种繁殖、兽药使用、人员雇佣的档案资料，并保存完整，得4分，不完整适当扣分。按照《中华人民共和国畜牧法》和《畜禽标识和养殖档案管理办法》的相关规定，肉牛育肥场和母牛繁育场的养殖档案要保存20年以上，而种牛场的养殖档案要长期保存。

档案管理的范围包括牛场的各种有价值和要求必须留存的资料，如养殖档案、统计资料、财务会计档案、劳动工资、人事档案、会议记录、协议、合同等。要保证牛场及各部门的原始资料及单据齐全完整、安全保密和使用方便。负责各种所需资料的收集与整理。按文件确定保密级别，并严格按照保密规定做好保密。档案的借阅需要按照相关程序审批，未经允许，不得对外借阅。档案借阅者必须爱护档案，注意安全保密，严禁擅自翻印、抄录、转借、遗失。档案的销毁必须符合相关程序，并经场长批准同意。销毁时须严格按照有关规定执行。

（三）建立完善的生产技术规程或制度

简明、全面的生产技术操作规程和制度是肉牛养殖场健康运转的核心，标准化示范牛场必须有自己的完善的生产制度和技术规程。

1. 生产技术管理制度 生产技术管理制度是牛场一切制度的核心，应至少包括以下几个方面的内容。

（1）严格的生产计划 包括牛群选留更新、育种选配、后备牛培育、劳动生产率及经济效益的提高、新技术的应用推广等现实的工作计划和长远发展计划。

（2）饲料管理计划 要保证饲料生产和供应的稳定性，一般精料补充料不少于1个月的贮备量，粗饲料应有全年计划；发霉变质饲料不得喂牛，购入饲料要了解其来源、品质、特性、营养价值及市场价格。

（3）防疫计划 肉牛场周边应设固定的防疫圈，门前设消毒池，未经许可不得随意入场；生产器具定期消毒、工作服随时清洗，用后放置固定地点，下班后不得穿（戴）出场。

（4）**人员管理制度** 凡工作人员，上班时必须身着工作服，不得携带铁钉、针、发卡等金属物品进入生产区；严格交接班制度，特别是公休、开会等原因离场，要做好交接班工作；保持环境卫生、安静，工作时间不得大声喧哗、嬉戏；爱护牛只，不得棒打、恫吓；每年定期进行人员健康检查，患有人畜共患病者及时调换工作。

（5）**牛舍管理制度** 运动场保持平坦、无杂物，经常垫平，不得有深坑、污泥、积水、杂物，做好排水设施；牛舍应明亮、通风、防寒、防暑、防贼风，舍内温度应控制在 0℃～28℃，并做好防灭蚊蝇工作。

2. 饲料供应规程 肉牛标准化示范场验收标准中明确提出要有饲料供应计划，使用精料补充料，得 1 分，否则不得分；有粗饲料供应和采购计划，得 2 分；牧场实行划区轮牧制度、季节性休牧制度、建有人工草场，得 3 分，不足之处适当扣分。

饲料供应规程应至少包括以下内容：饲料原料选择，饲料添加剂的使用，做好饲料的保管、去杂、粉碎、配制和供应，饲料质量检查，饲料配制，饲料的贮存和使用等。

3. 疫病防治技术规程 肉牛标准化示范场验收标准仅疫病防治制度一项就占到了 8 分。明确要求必须建立消毒防疫制度，记录完整，得 2 分；有口蹄疫等国家规定疫病的免疫接种计划，记录完整，得 2 分；有预防、治疗肉牛常见病规程，得 2 分；有兽药使用记录，包括适用对象、使用时间和用量记录，记录完整得 2 分，不完整适当扣分。因此，肉牛场必须建立疫病防治技术规程。良好的疫病防治技术规程应包括：总则；门卫防疫要求；牛场消毒制度，包括门卫消毒；环境消毒；人员消毒；用具消毒；活体环境消毒；牛体消毒；生产区设施清洁与消毒；粪便消毒；草料存放处消毒等。

牛场疫病防治程序，坚持"预防为主、防重于治"的防疫方针和自繁自养的原则。包括引进牛；其他动物管理；免疫程序；做好记录，实施可追溯管理；病死牛处理；突发疫病处理；场内饲养员、兽医人员、人工授精人员的防疫要求；场区人员、动物、物资运转；加强酮病等营养代谢病的监控。

4. 繁殖配种制度 繁殖配种制度应包括以下内容：配种室管理，器械管理，配种员的管理，冻精的保存、使用，母牛的配种，配种记录，液氮罐的管理。

5. 犊牛饲养管理技术规程 犊牛饲养管理技术规程应包括以下内容：犊牛的培育计划，犊牛的饲养，犊牛的管理，生产记录。

6. 母牛育成牛饲养管理技术规程 母牛育成牛饲养管理技术规程应包括以下内容：饲喂制度，管理制度，适时配种，妊娠前期和中期的管理，妊娠后期的管理。

7. 成年母牛饲养管理技术规程 成年母牛饲养管理技术规程应包括以下内容：日粮组成和供给，日粮结构，饲喂次序，修蹄护蹄，刷拭牛体，产前护理，围产期管理，产房管理，接产和助产，分娩后的护理，头胎母牛的分娩管理。

8. 育肥牛饲养管理技术规程 育肥牛饲养管理技术规程应包括以下内容：育肥前期，育肥中期，育肥后期。

（四）建立完善的生产档案记录

肉牛标准化养殖场在生产经营活动中每天都要处理大量的记录数据、生产表格等，这些都要由原始记录提供。肉牛标准化示范场验收标准对生产记录格外重视，总分达到了11分。其中明确要求的记录有：科学的饲养管理操作规程，得2分，上墙得1分。购牛时有动物检疫合格证明，有牛群周转（品种、来源，进出场的数量、月龄、体重）记录，记录完整得6分，不完整适当扣分；繁育场或牧场有配种方案和繁殖记录（品种、与配公牛、预产日期、产犊日期、犊牛初生重），记录完整得6分，不完整适当扣分。有完整的精、粗饲料消耗记录，记录完整得2分，不完整适当扣分。标准化肉牛养殖场一定要做好原始记录，建立健全各项原始记录制度，设计各种原始记录表格，并指定专人登记填写，要求字迹清晰、正确无误、完整无缺。在牛场的经营活动中需建立常用的原始记录有以下几种。

1. 应保存的各种证明材料　牛场应保存的主要证明材料有购牛时需要有动物检疫合格证明，饲料、药品、疫苗等采购原始记录，聘用人员身份证、体检记录，官方兽医检查记录，特种机械操作证书（如驾驶证等）。动物检疫合格证明是保证引入健康牛的关键。购牛时一定要主动要求检疫部门进行检疫。检疫项目根据当地检疫的规定和条件实施，要尽量多检一些项目。

2. 牛群周转记录　该表每月形成一份并上报场长，肉牛育肥场的牛场周转记录要记录每天牛场全部牛的出入栏数、牛只死亡数等。

3. 配种和繁殖记录、系谱档案

（1）**配种和繁殖记录**　繁殖母牛养殖场必须建立完整的配种和繁殖记录，这是核定牛场经济效益的主要记录。母牛配种和繁殖记录可参考表 8-1。

表 8-1　母牛配种记录样表

记录人：

母牛号	母牛品种	年龄	初配日期	与配公牛号	确妊日期	分娩日期	二次配种日期	确妊日期	分娩日期	……

（2）**系谱档案**　牛的系谱档案是进行选种选配和预测牛的生产性能的主要依据。购牛时应索要和查阅牛的系谱档案。系谱档案可参考表 8-2。

表 8-2 牛系谱档案样表

<table>
<tr><td rowspan="9">照片</td><td colspan="2">基本情况</td></tr>
<tr><td colspan="2">出生日期：　　　　　　　　年　月　日</td></tr>
<tr><td colspan="2">出生地点：</td></tr>
<tr><td colspan="2">饲养地点：</td></tr>
<tr><td colspan="2">畜主（牛号）：</td></tr>
<tr><td colspan="2">年龄：</td></tr>
<tr><td colspan="2">改良世代：</td></tr>
<tr><td colspan="2">毛色特征：</td></tr>
</table>

体尺体重（单位：千克、厘米）

年龄		初生	3月龄	6月龄	12月龄	……	成年
体重							
体尺	体高						
	体长						
	胸围						
	管围						
	腹围						
	尻长						
	尻宽						
	十字部高						

系谱（单位：千克、%）

父号　　　　　　等级	牛号　　　　　　等级
育种值	育种值
女儿头数	代数
儿子头数	后裔成绩
母号　　　　　　等级	牛号　　　　　　等级
育种值	育种值
泌乳期数	代数
平均产奶量	后裔成绩
乳汁率	

4. 精粗饲料消耗记录

（1）**饲草和饲料消耗原始记录**　包括饲料供应运送日记，该日记表每个饲养组每月1份，按供应日期由过秤人员填写，并于月末整理存查。

（2）**牛群饲料消耗日记**　该日记表各牛群每月1张，填写人员参照饲料供应运输日记和日实际消耗量填写，每月末整理存查。此表可以清楚看出1个月内各种饲料每日消耗量，同时可根据饲养日计算出每头牛日平均饲料消耗量。可参考8-3。

表8-3　牛采食消耗记录样表 （单位：千克）

日　　期		1月1日	1月2日	……	1月31日
牛　　号					
精料补充料消耗量	豆　粕				
	玉　米				
	麦　麸				
	添加剂预混料				
粗饲料消耗量	玉米秸秆				
	苜　蓿				
合　　计					

5. 生产性能、屠宰记录　对于每个生长阶段的育肥牛，育肥期开始和结束时都应及时准确地进行活体称重；同时，为便于追溯，还应一起或单独记录养殖过程中的发病和治疗情况。进行育种的养殖场还应记录各阶段的各项体尺。有条件的牛场育肥牛屠宰后还可记录屠宰指标。各种表格可参考表8-4，表8-5。

表8-4 育肥牛生产记录样表

填表日期:

品 种		性 别		畜 主		产 地	
生长参数							
入场重		出栏重		育肥天数		出栏去向		增 重	

健康情况		
疾病描述	治疗方法	药品名称

表8-5 牛体尺记录表样表

品种	牛号	体高	体长	十字部高	胸宽	胸深	尻长	髋宽	胸围	管围	腿围	……

6. 巡视、诊疗记录 通过对牛佩戴耳标，实现一牛一标一号，建立档案，详细记录牛免疫、疾病诊疗和用药情况，及时掌握和监控牛群疾病情况，为牛产品的卫生安全追溯制度奠定良好的基础。

7. 环境记录 要定期测定牛舍内的温度和湿度，必要时还应检测牛舍内有毒有害气体的含量，并记录。记录表可参考8-6。

表 8-6　牛场温湿度记录表

日期			温　度			湿　度		
			早	中	晚	早	中	晚
		1 号牛舍						
		2 号牛舍						
		……						
			温　度			湿　度		
			早	中	晚	早	中	晚
		北侧牛舍						
		南侧牛舍						
		……	……	……	……	……	……	……

（五）建立优化的经营管理制度

1. 成本控制　肉牛标准化养殖场的生产成本是指在生产过程中发生的各种支出，分为直接饲养成本和间接饲养成本两部分。直接饲养成本包括牛每日消耗日粮的实际成本，主要是饲料费。间接饲养成本包括人工费、水电费、疫病防疫费、折旧费、低值易耗品等。成本是一个综合性的指标，它涉及牛场的所有人员和全部生产过程，要将成本指标分解到各部门和每个员工，形成成本管理的网络，形成人人关心成本、处处关注成本的情况。例如，对饲料成本实行定额成本控制，应首先根据牛的数量和体重确定日粮的配给量，然后根据营养需要确定配方组成，再根据各种原料的价格和质量确定选择的原料，最后再根据饲养天数计算出饲料的定额成本，并随时根据市场原料价格变化调整配方。要在开源的基础上进行节流，严格控制生产损失的发生，如饲料损失，废品损失等。

2. 目标责任制 在职责分工上，肉牛养殖场应该按场内人员分工，细致划分生产责任，组织好肉牛草料加工、调制、运输、供应、饲养管理、配种、防疫和诊疗等职责；财务人员要负责牛场资金运作管理、财务管理及会计职能。把各个岗位的人员责任划分清楚，明确各自责任，之后按利益分配原则实行定期考核、奖惩兑现。

3. 利润最大化 提高单产、减少死淘、降低成本、增加效益始终是肉牛标准化养殖场追求的核心目标。肉牛标准化养殖场应走出盲目追求高产和高淘汰率的误区，采取精细化管理，合同养殖、订单养殖等现代畜牧业商品生产形式，寻找投入产出的平衡点，走"谋求牛场利润最大化"的发展道路。要改变传统的自给自足的小农生产方式，真正按照市场经济规律的要求组织生产，并把产品纳入市场经济的大循环，通过市场创品牌获取更高的经济效益。

附 录

附录一 畜禽标准化规模养殖

一、畜禽标准化生产

标准化生产就是在规模养殖场场址布局、栏舍建设、生产设施配备、良种选择、投入品使用、卫生防疫、粪污处理等方面严格执行法律、法规和相关标准的规定，并按程序组织生产的过程。主要内容有：

1. 畜禽良种化。因地制宜，选用高产优质高效畜禽良种，品种来源清楚、检疫合格，实现畜禽品种良种化。

2. 养殖设施化。养殖场选址布局科学合理，符合防疫要求，畜禽圈舍、饲养和环境控制等生产设施设备满足标准化生产需要，实现养殖设施化。

3. 生产规范化。落实畜禽养殖场和小区备案制度，制定并实施科学规范的畜禽饲养管理规程，配备与饲养规模相适应的畜牧兽医技术人员，配制和使用安全高效饲料，严格遵守饲料、饲料添加剂和兽药使用有关规定，生产过程实行信息化动态管理。

4. 防疫制度化。防疫设施完善，防疫制度健全，加强动物防疫条件审查，科学实施畜禽疫病综合防控措施，有效防止重大动物疫病发生，对病死畜禽实行无害化处理。

5. 粪污无害化。畜禽粪污处理方法得当，设施齐全且运转正常，达到相关排放标准，实现粪污处理无害化或资源化利用。

6.监管常态化。依照《中华人民共和国畜牧法》《饲料和饲料添加剂管理条例》《兽药管理条例》等法律、法规，对饲料、饲料添加剂和兽药等投入品使用，畜禽养殖档案建立和畜禽标识使用实施有效监管，从源头上保障畜产品质量安全，实现监管常态化。

二、标准化规模养殖示范场基本要求

参与创建的规模养殖场生产经营活动必须遵守畜牧法、动物防疫法等相关法律、法规，具备养殖场备案登记手续和动物防疫条件合格证，养殖档案完整，2 年内无重大动物疫病发生，且无非法添加物使用记录；种畜禽场须具备《种畜禽生产经营许可证》。

1.生猪：繁殖母猪存栏 300 头以上，育肥猪年出栏 5 000 头以上（含 5 000 头，下同）。

2.奶牛：存栏奶牛 200 头以上。配套挤奶站有《生鲜乳收购许可证》，运送生鲜乳车辆有《生鲜乳准运证明》。

3.蛋鸡：产蛋鸡养殖规模（笼位）在 1 万只以上。

4.肉鸡：年出栏量不低于 10 万只，单栋饲养量不低于 5 000 只。

5.肉牛：年出栏量在 500 头以上。

6.肉羊：农区年出栏肉羊 500 只育肥场或存栏繁殖母羊达 100 只以上的养殖场；牧区年出栏肉羊 1 000 只育肥场或存栏繁殖母羊 250 只以上的养殖场。

三、推动标准化规模养殖场的产业化经营

标准化规模养殖场与产业化经营相结合，才能实现生产与市场的对接。要发挥龙头企业的市场竞争优势和示范带动能力，鼓励龙头企业建设标准化生产基地，采取"公司＋规模养殖场或养殖专业户"等形式发展标准化生产。积极扶持畜牧业专业合作经济组织和行业协会的发展，充分发挥其在技术推广、行业自律、维权保障、市场开拓方面的作用，实现规模养殖场与市场的有效对接。各行业主管部门要加强信息引导和服务，鼓励产区和销区之间建立产销合

作机制，签订长期稳定的畜产品购销协议，鼓励畜产品加工龙头企业、大型批发市场、超市与标准化规模养殖场建立长期稳定的产销合作关系，并推动标准化规模养殖场上市畜产品的品牌创建，努力实现生产上水平、产品有出路、效益有保障。

四、正确处理好发展和环境保护的关系

养殖污染治理要突出减量化、无害化和资源化的原则，结合实际采取不同处理工艺对养殖场实行干清粪、雨污分流改造，从源头上减少污水产量。要按照生态农业理念统一规划，以综合利用为主，推广种养结合生态模式，实现粪污资源化利用，发展循环农业；对于养殖集中区，可规划建设畜禽粪便处理中心（厂），生产有机肥料，或采取工业化处理达标排放。

总之，推动畜禽标准化养殖是实现现代畜牧业发展的前提条件，要以农牧结合、适度规模为基础，以标准化生产为核心，以畜禽养殖标准化示范创建为载体，以畜产品加工增值销售为纽带，实现畜产品供需基本平衡，生产力水平明显提高，养殖效益稳定增加，畜产品质量安全可靠，资源开发利用适度，生态环境友好和谐的综合目标，养殖场污染物达标排放或资源化利用，重大动物疫病防控能力显著增强，畜产品质量安全明显提升。充分发挥好标准化示范场在标准化生产、动物防疫条件管理、安全高效饲料推广、畜禽粪污处理和产业经营方面的示范带动作用，加快发展现代畜牧业。

（农业部）

附录二 农业部肉牛标准化示范场验收评分标准

申请验收单位：			验收时间：　年　月　日			
必备条件（任一项不符合不得验收）	场址不得位于《中华人民共和国畜牧法》明令禁止区域，并符合相关法律、法规及区域内土地使用规划			可以验收□ 不予验收□		
	具备县级以上畜牧兽医部门颁发的《动物防疫条件合格证》，2年内无重大疫病和产品质量安全事件发生					
	具有县级以上畜牧兽医行政主管部门备案登记证明；按照农业部《畜禽标识和养殖档案管理办法》要求，建立养殖档案					
	年出栏育肥牛500头以上，或存栏繁殖母牛50头以上					

验收项目	考核内容	考核具体内容及评分标准	满分	得分	扣分原因
一、选址与布局（20分）	（一）选址（4分）	距离生活饮用水源地、居民区和主要交通干线，其他畜禽养殖场及畜禽屠宰加工、交易场所500米以上，得2分。否则酌情扣分	2		
		场址地势高燥，得1分；通风良好、背风向阳，得1分	2		
	（二）基础设施（5分）	水源稳定，有水质检验报告并符合要求，得1分；有水贮存设施或配套饮水设备，得1分	2		
		电力供应充足有保障，得2分	2		
		交通便利，有专用车道直通到场，得1分	1		
	（三）场区布局（8分）	场区与外环境隔离，得2分。场区内办公区、生活区、生产区、隔离区、粪污处理区完全分开，布局合理，得2分，部分分开，适当扣分	4		

续表

验收项目	考核内容	考核具体内容及评分标准	满分	得分	扣分原因
一、选址与布局（20分）	（三）场区布局（8分）	育肥场有育肥牛舍，得3分，有运动场（≥6米²/头），得1分。或母牛繁育场有单独母牛舍、犊牛舍、育成舍、育肥牛舍，得2分，有运动场（≥15米²/头），得2分	4		
	（四）净道和污道（3分）	净道、污道严格分开，得3分；有净道、污道，但没有完全分开，得2分；完全没有净道、污道，不得分。或牧场有放牧专用牧道，得3分	3		
二、设施与设备（32分）	（一）牛舍与饲养密度（6分）	牛舍为有窗式、半开放式、开放式，得4分，简易牛舍得2分	4		
		牛舍内饲养密度≥3.5米²/头，得2分；<3.5米²/头，得1分	2		
	（二）消毒设施（6分）	场门口有消毒池，人员更衣、换鞋室和消毒通道，得2分；场内有行人、车辆消毒槽得2分，没有不得分	4		
		有环境消毒设备得2分；没有不得分	2		
	（三）养殖设备与设施（14分）	牛舍内有固定食槽，得2分；运动场或犊牛栏设补饲槽得1分。没有不得分	3		
		牛舍内有饮水器或独立饮水槽，得1分；运动场设饮水槽得1分，没有不得分	2		
		有全混合饲料搅拌机，得4分，不具备者视设备装备情况适当扣分	4		
		有足够容量（10米³/头）的青贮设施，得3分，有青贮设备，得2分，没有不得分。或牧区有足够容量（2吨/头）的干草棚库，得3分，有铡草机，得2分，没有不得分	5		
	（四）辅助设施（6分）	有档案室，得1分	1		
		育肥牛场有兽医室，得3分。或母牛繁育场有兽医室，得1分，有人工授精室得2分	3		
		有装牛台，得1分。有地磅，得1分。没有不得分	2		

续表

验收项目	考核内容	考核具体内容及评分标准	满分	得分	扣分原因
三、管理制度与记录（28分）	（一）饲料供应管理（3分）	使用精料补充料，得1分，否则不得分；有粗饲料供应和采购计划，得2分；或牧场实行划区轮牧制度、季节性休牧制度、建有人工草场，得3分，不足之处适当扣分	3		
	（二）疫病防治制度（8分）	有消毒防疫制度，记录完整，得2分	2		
		有口蹄疫等国家规定疫病的免疫接种计划，记录完整，得2分	2		
		有预防、治疗肉牛常见病规程，得2分	2		
		有兽药使用记录，包括适用对象、使用时间和用量记录。记录完整得2分，不完整适当扣分	2		
	（三）生产记录（11分）	有科学的饲养管理操作规程，得2分，上墙得1分	3		
		育肥场购牛时有动物检疫合格证明，有牛群周转（品种、来源，进出场的数量、月龄、体重）记录，记录完整得6分，不完整适当扣分 繁育场或牧场有配种方案和繁殖记录（品种、与配公牛、预产日期、产犊日期、犊牛初生重），记录完整得6分，不完整适当扣分	6		
		有完整的精粗饲料消耗记录，记录完整得2分，不完整适当扣分	2		
	（四）档案管理（4分）	牛群周转、疫病防治、疫苗接种、饲料采购、配种繁殖、兽药使用、人员雇佣的档案资料保存完整，得4分，不完整适当扣分	4		
	（五）人员配备（2分）	有1名以上经过畜牧兽医专业知识培训的技术人员，持证上岗，得2分	2		

续表

验收项目	考核内容	考核具体内容及评分标准	满分	得分	扣分原因
四、环保要求（12分）	（一）粪污处理（6分）	有固定的牛粪贮存、堆放场所，并有防雨、防渗漏、防溢流措施，得3分，有不足之处适当扣分	3		
		有沼气发酵或其他处理设施，或采用农牧结合方式作有机肥利用，得3分，不足之处适当扣分	3		
	（二）病死牛处理（6分）	配备焚尸炉或化尸池等病死牛无害化处理设施，得3分	3		
		病死牛采用深埋或焚烧等方式处理，得2分，有记录，得1分	3		
五、生产水平（8分）	（一）生产水平（8分）	育肥场育肥期平均日增重≥1.2千克，得8分，否则得4分 繁育场或牧场的母牛繁殖率≥80%得4分，否则适当扣分；犊牛成活率≥95%得4分，否则适当扣分	8		
		总　分	100		

验收专家签字：